ㄴ.bonbon의

타오는
아이싱
쿠키

C. bonbon no Yoyaku no Torenai Icing Cookie Kyoshitsu

ⓒ Chiako Ikushima 2016

First published in Japan 2016 by Gakken Plus., Ltd., Tokyo

Korean translation rights arranged with Gakken Plus., Ltd., Tokyo

through Shinwon Agency Co.

지은이

치아코 이쿠시마

일상의 모든 존재로부터 영감을 얻어 아이싱 쿠키를 만드는 작가. 홀로 해외 제과점을 돌아다니고 동시에 수습생으로 일하면서 아이싱 쿠키 만드는 기술을 익혔다. 일본으로 다시 돌아온 후에는 NHK 문화센터 아오야마 교실에서 'C.bonbon'이라는 이름으로 아이싱 쿠키 클래스를 열었다. 그녀가 운영하는 클래스는 예약조차 힘들 정도로, 무려 예약 취소를 기다리는 데도 1년이 걸린다고 한다.

세상의 모든 것을 아이싱 쿠키로 표현할 수 있을지 모른다는 설렘으로, 오늘도 시행착오를 거치며 사랑스러운 쿠키를 디자인하고 만드는 중이다. 이 책으로 아이싱 쿠키의 매력을 더 많은 사람에게 알릴 수 있기를 바란다.

홈페이지 http://c-bonbon.blogspot.jp/

옮긴이 **김상애**

동경제과학교 양과자 본과, 빵과 본과를 졸업한 후 제과제빵 전문 월간지 〈파티시에〉 편집부에서 기자, 출판부 팀장을 거쳐 편집부장으로 일했다. 현재 프랑스, 일본 각지의 유명 빵·과자 탐방 관련 원고를 기고하고 있으며 옮긴 책으로 《가스트로노미, 프랑스 미식 혁명의 역사》《탐나는 케이크 1, 2》《지속력 - 끈기 없는 우리 아이 좋은 습관 만들기 프로젝트》등이 있다.

생활 속 작은 사치를 만나다

"탐나는" 스타일 시리즈

- 트렌디한 푸드, 패션, 뷰티, 인테리어 아이템을 소개합니다.
- 최소 비용으로 최대 효과를 낼 수 있는 팁을 담았습니다.
- 남다른 안목을 가진 각 분야 최고의 저자를 라인업합니다.

※〈탐나는 시리즈〉가 더 궁금한 분은 블로그를 방문해주세요.
탐나는 스타일 블로그 | blog.naver.com/verytam

c.bonbon의

"탐나는"

아이싱

쿠키

치아코 이쿠시마 지음

김상애 옮김

이덴슬리벨

Contents

초보라도 문제없어요! 차근차근 실력을 키워주는 기본 레슨

C. bonbon의 세계로 어서 오세요! 열 가지 테마 쿠키

두근거리는 마음을 전해요! 선물용 쿠키

이 책 보는 법

레몬

재료
레몬 쿠키 → 틀 p. 141
아라잔(실버) → p. 32

아이싱
아웃라인(LY 많이+GY) / 중간
베이스(LY 많이+GY) / 묽음
부속품 접착(WH) / 중간

설탕 반죽
꽃(WH)
잎(LG+BR 소량)

쿠키 종류(p. 12 등 참조)와 사용하는 쿠키 커터(또는 오리지널 형지), 토핑 아이템(p. 32 참조) 등의 재료

아이싱 되기의 기준(p. 15 참조)을 '단단함', '중간', '묽음'으로 표기

아이싱 색들이기에 사용하는 식용색소의 배합. 색상명은 영어 약칭으로 표기(p. 17 참조)

아이싱 건조 시간

쿠키 전체에 바른 경우 약 반나절이 걸립니다. 단 계절이나 온도, 습도, 아이싱을 바르는 범위, 되기 등에 따라 달라지므로 하룻밤 건조시킨 후 건조제를 넣은 밀폐용기에 넣어둡니다.

※ 이 책에서 '아이싱'이라고 표기하는 것은 전부 로열아이싱을 가리킵니다.
※ 계량숟가락은 큰술 15㎖, 작은술 5㎖입니다.
※ 오븐을 사용할 때는 미리 지정 온도로 예열해둡니다. 또한 오븐 온도와 굽는 시간은 대략적인 기준입니다.
　오븐에 따라 시간이 다를 수 있으므로 잘 체크하면서 조절해주세요.

시작하며

C. bonbon의 모든 아이싱 쿠키는 일상의 사소한 것에서 영감을 얻은 작품입니다. 많은 시행착오를 거치면서 더 귀엽고 아기자기하며 멋스러운 아이싱 쿠키로 탄생할 수 있었습니다. 그래서 언뜻 보기에 초보자는 만들기 힘든 것 아니야 하면서 걱정할 수도 있지만 이 책의 파트 1에 나오는 기본만 충실하게 익혀둔다면 새로운 테크닉도 쉽게 배워 조금 어려운 작품도 곧 해낼 수 있습니다. 제 아이싱 쿠키 수업에 참석하는 수강생들의 경우도 실력이 쑥쑥 향상되는 게 눈에 보일 정도여서 매번 놀라곤 합니다. 이 책에는 기본부터 확실하게 배울 수 있는 테크닉, C. bonbon의 세계관을 표현한 열 가지 테마 쿠키, 선물로도 손색없는 특별한 날의 쿠키 만드는 법이 모두 담겨 있습니다.

만들수록 빠져드는 아이싱 쿠키의 매력을 이 책으로 더 많은 사람에게 알릴 수 있었으면 합니다.

C. bonbon
치아코 이쿠시마

아이싱 쿠키 만들기에 필요한 기본 도구,
초보자를 위한 쿠키와 아이싱 만들기,
아이싱 짜기와 설탕 반죽(슈거 페이스트) 테크닉을 소개합니다.
기본 테크닉만으로도 귀여운 쿠키가 탄생해요!

초보라도 문제없어요!

차근차근 실력을 키워주는 기본 레슨

기본 도구

쿠키와 아이싱 만들기, 장식 도구를 소개합니다.
모두 제과 도매상이나 전문점, 인터넷 등에서 구입할 수 있습니다.

쿠키, 아이싱 도구

저울

재료 계량에 사용한다. 한눈에 수치를 확인할 수 있는 디지털 저울이 사용하기 쉽다.

볼

쿠키나 아이싱 재료를 섞을 때 사용한다. 전자레인지 이용 시 내열 용기로 준비한다.

분무기

아이싱의 되기를 조절할 때 사용한다. 입자가 고운 물줄기가 나오는 제과용 분무기 추천.

계량숟가락

가루 재료나 물을 계량할 때 사용한다. 물을 계량할 때는 1작은술 5㎖, 1큰술 15㎖.

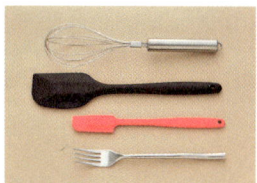

거품기, 고무주걱, 포크

쿠키 반죽이나 아이싱 재료를 섞을 때 사용한다. 용도에 맞게 나눠 쓴다.

체

가루 재료를 체 칠 때 사용한다. 박력분이나 설탕 파우더는 미리 체 쳐두면 좋다.

차 거름망

물에 녹인 머랭 파우더를 거를 때 사용한다. 입자가 가는 체 등으로도 대체 가능하다.

밀대, 두께 자

쿠키 반죽을 밀어 펼 때 사용한다. 두께 자를 사용하면 균일한 두께로 밀 수 있다.

철제 커터

얇게 편 쿠키 반죽을 찍어 낼 때 사용한다. 여러 가지 모양의 커터가 판매되고 있다.

칼

이 책에 수록된 오리지널 형지 (p. 142)를 따라 쿠키 반죽을 자를 때 사용한다.

실리콘 패드

쿠키 반죽을 구울 때 사용한다. 바닥이 평평한 쿠키를 만들 수 있다.

식힘망

구운 쿠키를 식힐 때 사용한다. 작은 쿠키에는 망 간격이 좁은 것이 좋다.

쿠키 데커레이션 도구

OPP시트, 테이프

아이싱을 짜기 위한 짤주머니(p. 18)를 만들 때 사용한다. 오븐시트로도 만들 수 있다.

작은 유리용기

아이싱에 색을 들이거나 여러 색소로 나눌 때 사용한다. 투명 볼이 색상을 쉽게 알아볼 수 있어 좋다.

짤주머니, 모양 깍지, 커플러(접합부)

짤주머니에 커플러를 끼고 다양한 모양 깍지를 달아 내용물을 짠다.

플라워네일

모양 깍지를 사용해 짜는 꽃(p. 22)을 만들거나 쿠키에 프릴무늬를 그릴 때(p. 107) 사용한다.

스패출러

이 책에서는 금속으로 만든 작은 것을 쓴다. 아이싱을 섞거나 짤주머니를 채운다.

이쑤시개

소량의 식용색소를 아이싱 등에 넣거나 무늬, 그림을 그릴 때 사용한다.

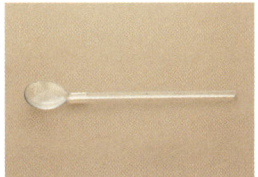

숟가락

설탕 등을 떠서 쿠키에 뿌린다.

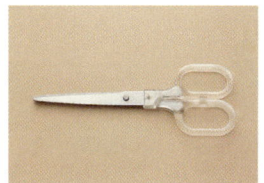

가위

짤주머니 끝을 자르거나 웨이퍼 페이퍼(먹을 수 있는 종이 형태의 것)를 자를 때 사용한다.

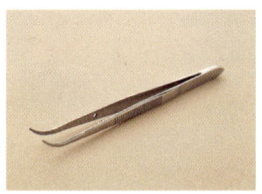

핀셋

쿠키에 토핑이나 설탕 반죽으로 만든 부속품을 올릴 때 사용한다.

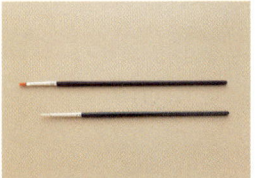

붓

쿠키에 뿌린 여분의 파우더를 털어내거나 아이싱에 그림을 그릴 때 사용한다.

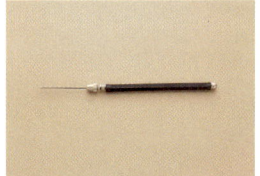

바늘

쿠키의 조립할 위치를 표시하거나 손글씨를 쓸 때 밑작업에 사용한다.

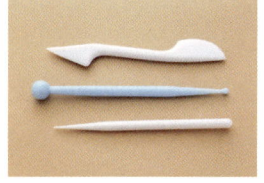

세공 스틱

설탕 반죽으로 부속품을 만들 때 사용한다. 곡선 등을 넣어 모양을 잡아줄 수 있다.

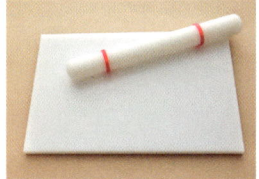

논스틱 밀대, 논스틱 판

설탕 반죽을 얇게 밀어 펼 때 사용한다. 논스틱 판(표면에 들러붙지 않게 만든 판)과 논스틱 밀대는 다양한 크기와 형태가 있다.

스펀지 패드

설탕 반죽 모양 잡기에 사용한다. 딱딱한 패드와 부드러운 패드로 나눠 사용하면 좋다(p. 25).

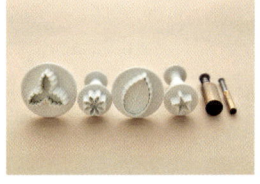

스탬프(찍는 틀)

얇게 밀어 편 설탕 반죽에 모양을 찍어 낼 때 사용한다. 꽃 모양틀, 잎 모양틀 등 종류가 다양하다.

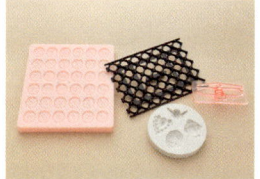

실리콘 몰드(실리콘 틀), 누름틀

설탕 반죽을 틀에 채워 알파벳 등의 모양을 만들거나 문양을 찍을 때 사용한다.

쿠키 만들기

우선 기본이 되는 쿠키 만들기를 배워봅니다.
연갈색으로 예쁘게 구워내는 것이 핵심입니다.

기본 쿠키

재료(만들기 쉬운 분량) 무염버터 200g / 설탕 160~200g / 달걀(중간 크기) 1개 / 바닐라오일 적당량 / 박력분 400g / 덧가루(강력분 또는 박력분) 적당량

1. 실온 상태의 무염버터를 볼에 넣은 다음 하얗고 부드러워질 때까지 거품기로 섞는다.

2. 설탕을 2회에 걸쳐 1에 나눠 넣으며 거품기로 으깨듯 잘 섞는다.

3. 실온 상태의 달걀을 풀어 바닐라오일과 함께 2에 넣고 덩어리가 없어질 때까지 거품기로 섞는다.

4. 체 친 박력분을 2~3회에 걸쳐 3에 나눠 넣으면서 고무주걱으로 여러 차례 섞는다.

5. 고무주걱으로 반죽을 자르듯이 섞는다. 가루가 없어질 정도까지 섞이면 손으로 반죽을 한 덩어리로 뭉친다.

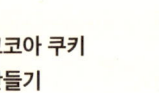

코코아 쿠키 만들기

코코아 쿠키를 만들 때는 재료 '박력분 400g'을 '박력분 350g+코코아 파우더 50g'으로 교체한다. 미리 섞어서 함께 체 쳐둔다.

6. 지퍼 비닐백에 반죽을 넣고(랩으로 싸는 것도 가능) 밀대로 평평하게 편다.

7. 6의 비닐 위에 자를 세워 누르면서 원하는 등분으로 반죽에 선을 긋고 냉동실에서 1시간 정도 휴지시킨다.

Point

반죽 냉동 보관

7을 그대로 냉동실에 넣어두면 약 1개월 정도 보관 가능하다. 사용할 때는 등분한 대로 잘라 필요한 양만 꺼내 쓰면 편리하다.

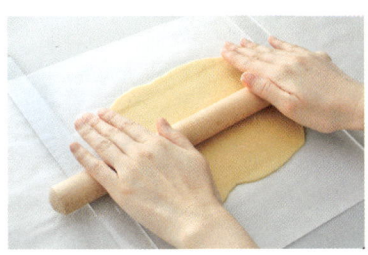

8. 오븐시트에 덧가루를 가볍게 뿌리고 7에서 휴지시킨 반죽을 사용할 양만큼 꺼내 밀대로 3~4mm 두께로 밀어 편다.

※ 반죽이 딱딱하면 부드러워질 때까지 조금 기다린다.

9. 철제 쿠키 커터의 날 부분에 덧가루를 살짝 묻히고 반죽에 힘껏 눌렀다가 뗀다.

※ 덧가루는 강력분을 사용하는 것이 좋다. 없을 경우에는 박력분이라도 상관없다.

10. 실리콘 패드를 깐 오븐 팬에 일정 간격을 띄우고 반죽을 올린다. 170~175℃로 예열한 오븐에서 약 15분간 굽는다.

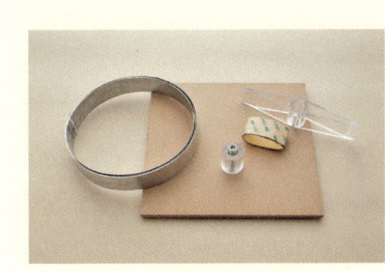

11. 연한 갈색이 나기 시작하면 화상에 주의하면서 쿠키 중앙을 살짝 눌러본다. 꺼지지 않으면 완성. 식힘망 위에 올려 식힌다.

나만의 철제 쿠키 커터 만들기

시판되는 철제 쿠키 커터 외에 원하는 형태로 나만의 커터 만들기 세트를 인터넷에서 구입할 수 있다. 또 p. 142의 오리지널 형지를 이용해 쿠키 모양을 만들 수도 있다.

형지 만들기

투명파일을 사용한 p. 142의 형지 만들기를 소개합니다. 나만의 철제 쿠키 커터 만들기 세트로 틀을 제작해두어도 편리합니다.

준비물 투명파일 / 형지 모양(p. 142)을 원하는 크기로 복사한 것 / 칼, 가위 / 유성펜

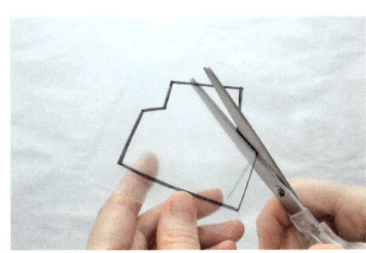

1. p. 142의 형지 모양을 원하는 크기로 복사하고 투명파일을 위에 올려 유성펜으로 따라 그린다. 그린 선에 맞춰 가위로 자른다.

2. 형지를 밀어 편 쿠키 반죽 위에 올리고 칼끝을 반죽에 수직으로 넣어 모양대로 자른다.

3. 테두리 반죽과 형지를 조심해서 분리해내면 완성.

※ 사진은 보기 쉽게 따라 그린 선을 그대로 남겨두었으나 실제로는 선의 안쪽을 가위로 잘라내야 한다.

아이싱 만들기

모든 색상의 베이스가 되는 기본 흰색 아이싱 만들기입니다.
우선 단단하게 만들어 되기를 조절합니다.

기본 아이싱 만들기

재료(만들기 쉬운 분량) 설탕 파우더 200g / 머랭 파우더 2작은술 / 물 2큰술

1. 작은 용기에 머랭 파우더와 물을 넣고 스패출러로 섞는다.

2. 사진과 같이 덩어리가 없게 잘 섞는다.

3. 체 친 설탕 파우더를 볼에 넣고 2를 차 거름망으로 걸러 넣는다.

4. 포크를 사용해 거품이 일지 않도록 재 빠르게 섞는다.

5. 어느 정도 뭉쳐지면 고무주걱으로 부드러워질 때까지 섞는다.

6. 사진과 같이 광택이 나면서 뾰족하게 끝이 서면 '단단한' 아이싱 완성.

Point

작업 중 아이싱은

만든 아이싱을 나눠서 사용할 때는 사진과 같이 물에 적신 키친타월(젖은 행주)을 씌워 마르지 않게 주의하면서 다른 작업을 한다.

아이싱 되기 조절

3단계 되기의 아이싱을 만들어 용도에 맞게 나눠 사용합니다. 처음에 단단한 아이싱을 만들어 되기를 묽게 조절하는 것이 좋습니다.

단단하게 하고
싶을 때

체 친 설탕 파우더를 조금씩 넣으면서 섞는다.

묽게 하고
싶을 때

분무기로 물을 조금씩 더하면서 섞는다.

아이싱 되기의 기준

짤주머니로 꽃을 짤 때

단단함

스패출러로 섞어서 떠 올렸을 때 끝이 뾰족하게 선다. 짤주머니를 사용해 꽃을 만들 때(p. 20~21)는 이 정도 되기가 적당하다.

짤주머니로 아웃라인이나 선을 그을 때

중간

스패출러로 섞어서 떠 올렸을 때 끝이 살짝 구부러진다. 아웃라인이나 무늬를 그릴 때, 토핑을 접착할 때는 이 정도 되기가 적당하다.

베이스를 채울 때

묽음

스패출러로 섞어서 떠 올렸을 때 '8'자를 쓰면 3~5초 후에 사라진다. 베이스를 채울 때는 이 정도 되기가 적당하다.

아이싱 보관

단단하게 만들어서 짤주머니에 담아두는 것이 좋습니다.
색을 들인 아이싱은 시간이 지나면 색이 분리되므로 흰색 그대로 보관합니다.

1. 단단하게 만든 아이싱을 짤주머니에 담는다.

2. 사용할 때는 짤주머니 끝을 자르고 필요한 만큼 짠다. 색을 들이기 전에 스패출러 등으로 잘 으깨면서 섞는다.

3. 사용 후에는 물이나 알코올을 적신 키친타월로 짤주머니의 자른 끝부분을 감싼 후 지퍼 비닐백에 넣고 밀봉, 냉장고에 보관한다. 만든 지 1주일 이내에 전부 사용한다.

아이싱과 설탕 반죽 색들이기

식용색소를 사용하면 예쁜 색상의 알록달록한 아이싱 쿠키를 만들 수 있습니다.
여러 색소를 섞어 원하는 색을 만들어봅니다.

아이싱 색들이기

재료 식용색소 적당량 / 흰색 아이싱 사용하고자 하는 분량

1. 원하는 식용색소를 이쑤시개 끝으로 소량 떠서 흰색 아이싱에 넣는다.

2. 공기가 들어가지 않게 주의하면서 스패출러로 전체에 색소가 고루 퍼지게 으깨면서 섞는다.

3. 원하는 색이 될 때까지 1, 2를 반복한다.

Point 1

동일한 색상의 짙고 옅은 아이싱은 우선 짙은 색의 아이싱을 만들고 이것을 나눠 흰색 아이싱을 조금씩 넣으면서 섞는다.

원하는 농담이 되면 완성.

Point 2

새까만 아이싱은 식용색소로는 만들기 어려우므로 대나무 숯 파우더를 쓴다.

※ 소량으로도 색이 진해지므로 너무 많이 넣지 않도록 주의한다.

설탕 반죽 색들이기

재료 식용색소 적당량 / 흰색 설탕 반죽 사용하고자 하는 분량

 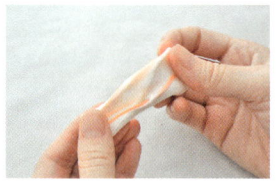 

1. 원하는 색의 식용색소를 이쑤시개 끝으로 소량 떠서 설탕 반죽에 바른다.

2. 식용색소가 손에 묻지 않게 주의하며 색이 고루 퍼지게 잘 섞는다.

3. 균일하게 색이 퍼지면 완성.

이 책의 설탕 반죽은 Wilton 사의 롤 폰당

얇게 밀어 펴 틀로 찍어 내거나 틀에 채우는 등의 작업이 가능한 점토와 비슷한 제과 재료.

컬러 차트

color chart

기본 흰색(p. 14) 외에 이 책에서 사용하는 열세 가지 색상을 소개합니다.
아이싱이나 설탕 반죽에 색을 섞어 씁니다.

레몬옐로 (LY)	골든옐로 (GY)	오렌지 (OR)	브라운 (BR)
레드 (RE)	로즈 (RO)	핑크 (PI)	바이올렛 (VI)	블랙 (BL)
로열블루 (RB)	스카이블루 (SB)	켈리그린 (KG)	리프그린 (LG)

※ 괄호 안은 해당 색상의 약칭이다.
※ 색을 들이지 않은 흰색 아이싱은 WH로 표기한다.
※ 위의 색상 외에 p. 88의 '서커스 보드'에 글자를
쓸 때 'CK 아이싱컬러' 슈퍼화이트(SW)도 사용했다.
※ 농도는 작업할 때마다 달라지므로 각각의 설명을
보면서 적절하게 조절한다.

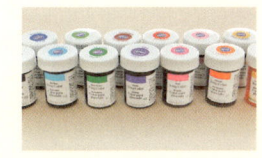

**이 책에서 사용한 식용색소는
Wilton 사의 아이싱컬러**

소량을 사용해도 발색이 매우 뛰어나
고 고르게 색이 드는 젤 형태. 컬러가
다양하다.

짤주머니 만들기

짤주머니는 아이싱을 채워 짜는 도구입니다.
오븐시트로도 만들 수 있지만 여기에서는 대부분 OPP시트를 사용합니다.

오븐시트로 만드는 짤주머니

※ 채우는 아이싱의 양에 따라 시트의 크기를 조절한다.

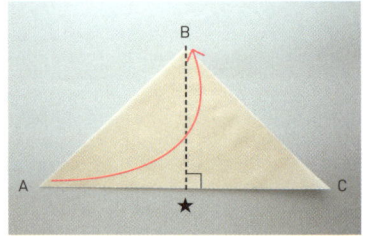

1. 오븐시트를 정사각형으로 자르고 다시 반으로 접어 직각이등변 삼각형을 만들어 자른다.

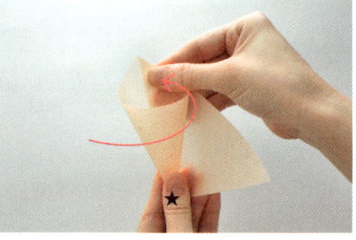

2. 한 손으로 1 사진의 ★을 잡고 그것을 기준으로 다른 한 손으로 각을 잡아 A와 B가 겹쳐지게 감는다.

3. C도 A, B와 겹쳐지게 감는다.

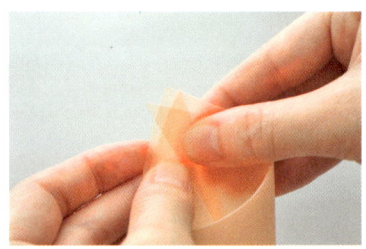

4. 다 감으면 오븐시트 끝을 사진과 같이 잡고, 누르고 있는 손가락을 조금씩 움직이면서 ★의 끝부분을 뾰족하게 만든다.

5. 사진과 같이 A, B, C의 각을 모아서 안쪽으로 몇 번 접어 넣는다.

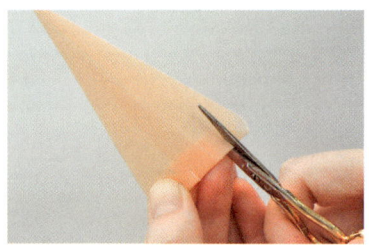

6. 5에서 접어 넣는 부분에 가위로 두 군데 칼집을 넣는다.

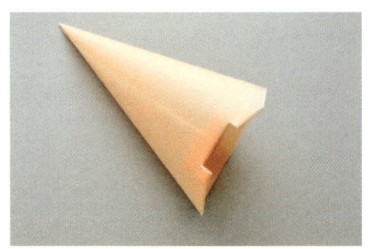

7. 6에서 넣은 칼집을 안으로 접어 넣는다.

※ 오븐시트에는 테이프를 붙일 수 없으므로 접어 넣어 움직이지 않게 고정한다.

Point

NG

반대 방향으로
접어요!

아이싱을 채우고 접을 때

짤주머니에 아이싱을 채워서 윗부분을 접을 때 사진처럼 감은 끝부분과 같은 방향으로 하면 짤주머니 모양이 흐트러지므로 반대 방향으로 접는다.

OPP시트로 만드는 짤주머니

※ 채우는 아이싱의 양에 따라 시트의 크기를 조절한다.

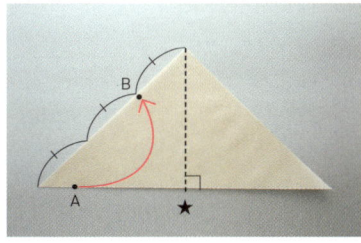

1. OPP시트를 정사각형으로 자르고 다시 반으로 접어 직각이등변 삼각형을 만들어 자른다.

2. 한 손으로 1 사진의 ★을 잡고 그것을 기준으로 다른 한 손으로 각을 잡아 A와 B가 겹쳐지게 감는다.

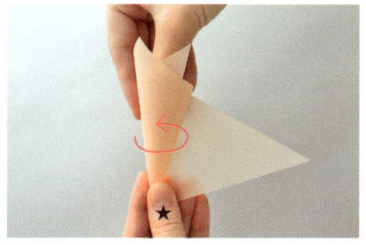

3. ★의 끝이 좁아질 수 있게 주의하면서 나머지를 감는다.

4. 다 감으면 시트 끝을 사진과 같이 잡고, 누르고 있는 손가락을 화살표 방향으로 당기면서 ★의 끝부분을 뾰족하게 만든다.

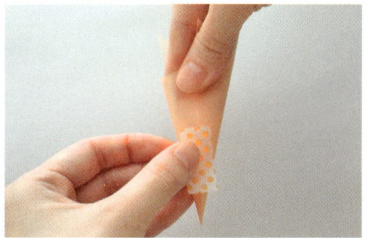

5. 감은 끝부분에 테이프를 붙여 고정한다. 안에 채우는 아이싱의 되기(중간, 묽음)에 따라 테이프의 종류를 바꾸면 쉽게 알아볼 수 있다.

6. 사진과 같이 각의 높이가 일정하고 감은 마지막 라인이 똑바르면 OK.

※ 사진에는 잘 보이도록 색상 있는 종이를 사용했으나 실제로는 오븐시트나 OPP시트를 사용한다.

아이싱 채우기

1. 스패출러로 아이싱을 떠서 짤주머니 안까지 밀어 넣는다.

2. 새어나오지 않게 손가락으로 아이싱을 누르면서 스패출러를 뺀다.

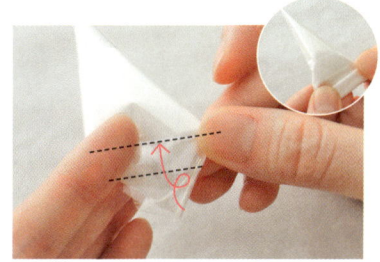

3. 짤주머니 윗부분을 사진과 같이 삼각형으로 접고 다시 여러 번 접으면서 짤주머니 끝으로 아이싱을 밀어낸다. OPP시트는 접은 마지막 부분을 테이프로 고정한다.

아이싱 짜기

쿠키에 무늬를 그릴 때의 기본 짜기입니다.
짤주머니 짜기에 익숙해질 때까지 오븐시트에 그리면서 연습합니다.

짤주머니 사용법

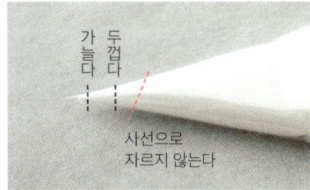

1. 짤주머니 끝을 가위로 똑바로 자른다. 자르는 위치로 선의 굵기를 조절한다.

2. 짤주머니는 사진과 같이 잡고 접은 부분에 엄지손가락이 오게 한다.

3. 짤 때는 2와 같이 잡고 그대로 짤주머니의 접은 부분을 누르면 아이싱이 나온다.

직선 그리기

1. 짤주머니의 끝을 바닥에 대고 짜면서 짤주머니를 위로 들어 올린다.

2. 짤주머니를 선이 똑바로 되도록 들어 올려 이동시키며 짠다. 끝까지 힘을 균일하게 준다.

3. 마지막은 짤주머니의 끝을 내리고 바닥에 비비듯이 해서 선을 끊는다.

곡선 그리기

1. 짜면서 짤주머니를 들어 올리고 사진과 같이 이동하면서 선을 둥글린다.

2. 곡선의 끝부분은 짤주머니를 조금 아래로 내려 꺾어주면서 곡선이 이어지게 그려나간다.

3. 짤주머니를 큰 곡선보다 낮은 위치에 두고 끝을 조금씩 띄운 상태로 그린다.

점 그리기

1. 짤주머니 끝을 그리는 바닥에 대고 그대로 움직이지 않고 짠다.

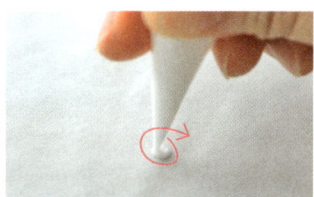

2. 원하는 크기가 되면 짜기를 멈추고 짤주머니 끝을 시계 방향으로 동그라미를 그리듯이 휘감으면서 위로 들어 올린다.

Point

점의 끝이 뾰족해졌다면 물을 묻힌 붓으로 가볍게 눌러 표면을 평평하게 해준다.

물방울, 꽃 그리기

1. 점과 같이 짤주머니를 움직이지 않고 그대로 짜고 끝을 조금씩 움직인다.

2. 짜는 힘을 빼면서 화살표 방향으로 당겨 마지막에는 짤주머니 끝을 바닥에 비비듯이 문지른다.

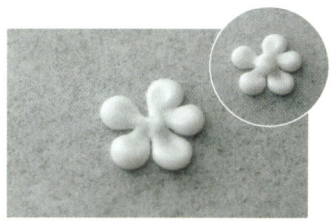

3. 물방울을 사진과 같이 한 바퀴 짜고 중심에 점을 찍으면 꽃이 만들어진다.

다양한 선 긋기

물방울을 그려 끊지 말고 그대로 이어가면 물방울선이 된다.

짤주머니를 많이 들어 올리지 않고 똑같은 폭으로 상하로 작게 움직이면서 선을 짠다.

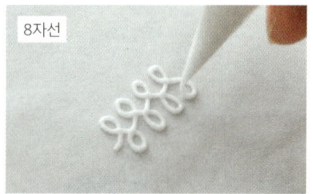

'8'자를 그리듯이 번갈아가며 원의 형태를 이어가면서 짠다.

잎 짜기

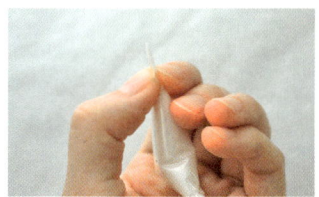

1. 짤주머니 끝을 자르기 전에 사진과 같이 손가락으로 누른다.

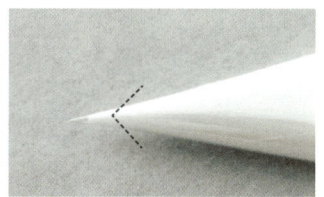

2. 짤주머니 끝을 사진과 같이 V자로 자른다. 자르는 위치로 잎의 크기를 조절할 수 있다.

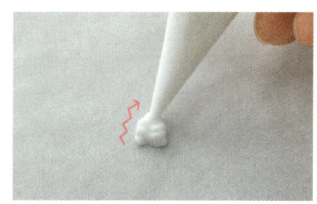

3. 2의 V자가 옆으로 오게 짤주머니를 잡고 끝을 바닥에 댄 채로 짠다. 앞뒤로 흔들면서 짜고 잎 끝은 힘을 빼면서 비스듬하게 위로 들어 올린다.

21

모양 깍지 준비하기

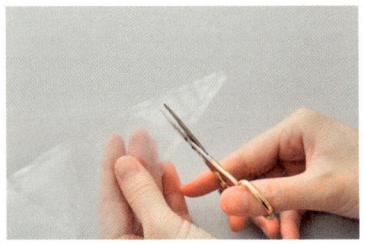

1. 아이싱을 채우기 전에 짤주머니의 끝을 가위로 똑바로 자른다. 많이 자르면 모양 깍지나 커플러가 빠지므로 조금씩 자르면서 조절한다.

2. 짤주머니 안에 커플러, 또는 모양 깍지를 넣는다. 끝에서 약 0.5~1㎝ 정도 나오면 적당하다.

3. 커플러의 경우 원하는 모양 깍지를 끼운다. 아이싱을 채우고 짤주머니 윗부분을 고무줄 등으로 묶어 사진과 같이 잡고 짠다.

모양 깍지를 사용한 꽃 짜기

1. 장미 모양 깍지를 끼운 짤주머니 끝을 플라워네일 중앙에 대고 아이싱을 조금 짠다.

2. 플라워네일보다 크게 자른 오븐시트를 1 위에 붙인다.

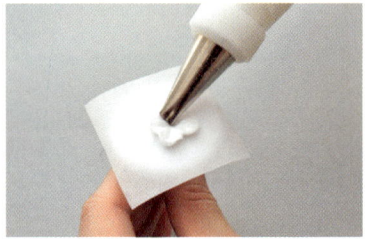

3. 장미 모양 깍지의 두꺼운 부분이 중심, 얇은 부분이 바깥을 향하도록 잡는다. 모양 깍지를 45도로 기울여 짜고 플라워네일을 돌려가며 작은 부채를 그리듯이 꽃잎을 1장씩 그린다.

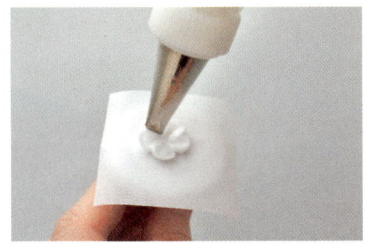

4. 먼저 그린 꽃잎 아래에 다음 꽃잎을 겹쳐가며 짠다. 마지막 꽃잎은 모양 깍지를 세워 위로 들어 올린다.

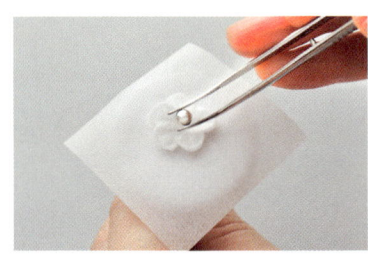

5. 아이싱이 마르기 전에 핀셋으로 중심에 아라잔(p. 32 토핑 아이템 참조) 등을 올린다.

6. 꽃 완성. 아이싱이 마르면 오븐시트에서 떼어내 쿠키 부속품으로 사용한다. 모양 깍지나 짜는 방법을 바꾸면 다른 종류의 꽃도 만들 수 있다.

기본 쿠키 데커레이션

1. 원하는 색상으로 물들이고 중간 되기 (p. 15)로 만든 아이싱을 짤주머니에 채워 아웃라인을 그린다.

2. 1이 마르면 동일한 색상으로 묽은 되기 (p. 15)의 아이싱을 다른 짤주머니에 채우고 1의 선 안쪽을 덧씌우듯이 짠다.

3. 베이스를 전부 채운다. 익숙해지면 짤주머니 대신 스패츌러로 떠서 흘려 넣어도 된다.

 →

아웃라인 끝을 잘 끊지 못했을 경우에는 그대로 선이 안쪽으로 오게 짠다.

튀어나온 선은 붓으로 털어낸다.

베이스를 다 메운 후 쿠키를 들고 가볍게 흔들면 아이싱이 전체에 고르게 퍼진다. 쿠키의 좁은 면은 넓은 면을 바른 후 흔들어 넓혀가면 좋다.

무늬 완성하기

평면
무늬

입체
무늬

베이스를 바르고 마르기 전에 무늬를 그린다. 마르면서 스며들어 평평한 무늬가 된다. 번지지 않게 똑같은 되기의 아이싱을 사용하는 것이 포인트.

베이스를 바르고 표면이 완전히 마르면 무늬를 그린다. 마르면 입체적으로 튀어나온 무늬가 된다.

설탕 반죽 부속품 만들기

설탕 반죽을 사용한 여러 가지 모양 만들기를 소개합니다.
기본을 익혀 다양하게 꾸며봅니다.

리본 만들기

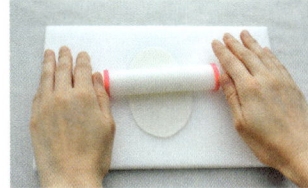

1. 롤핀을 사용해 설탕 반죽을 논스틱 판 위에서 1.5mm 두께로 밀어 편다.

2. 1에 리본틀을 꾹 누르고 그대로 판에 비빈 다음 들어 올린다.

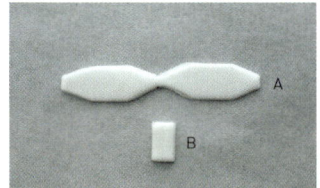

3. 틀에서 뺀 설탕 반죽.

4. 3의 틀에서 뺀 A의 양끝을 중심을 향해 접고 리본 매듭 부분에 끝이 뾰족한 세공 스틱으로 주름을 잡으면서 가운데로 모아준다.

5. 끝이 둥근 원통형 세공 스틱으로 4의 주름 잡힌 끝부분을 누른다.

6. 다른 한쪽도 4~5를 반복한다.

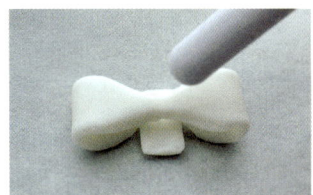

7. 6을 뒤집어 B의 중심에 맞춰 올린 후 세공 스틱으로 누른다.

8. B의 양끝을 손가락으로 접어 올린 후 딱 맞게 붙인다.

9. 뒤집으면 리본 완성. 컬러 리본을 만들 때는 설탕 반죽을 원하는 색상으로 물들인다.

세 종류 꽃 만들기

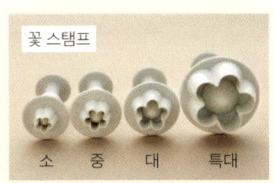

꽃 스탬프

소 / 중 / 대 / 특대

모양이 같은 꽃 스탬프가 크기별로 있으면 다양한 꽃을 만들 수 있다.

1. 옆 페이지의 '리본'과 같이 설탕 반죽을 밀어 펴고 꽃 스탬프(찍는 틀)를 꾹 눌러 그대로 판에 비비며 들어 올린다.

2. 틀에서 뺀 꽃을 딱딱한 스펀지 패드 위에 올리고 꽃잎을 1장씩 평평하게 펴듯이 테두리를 따라 둥글게 세공 스틱으로 누른다.

Point

세공 스틱에 설탕 반죽이 붙을 때는 CMC 파우더(설탕 반죽을 단단하게 만들어주는 가루)나 설탕 파우더를 조금 묻힌다.

3. 부드러운 스펀지 패드로 옮겨 끝이 둥근 세공 스틱(작은 것)으로 꽃 가운데를 눌러 입체적으로 만든다.

4. 3의 꽃 중심에 아이싱으로 점을 짜거나 이후 핀셋으로 토핑을 올리면 p. 55 '원피스 수영복', p. 60 '레몬'에서 사용하는 꽃이 완성된다.

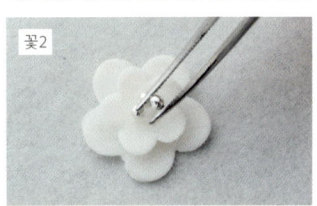

5. 3의 꽃과 다른 사이즈로 만들어 꽃잎을 2장 겹쳐 접착한 후 핀셋으로 토핑을 올리면 p. 128 '하트 장식'에 사용하는 꽃이 완성된다.

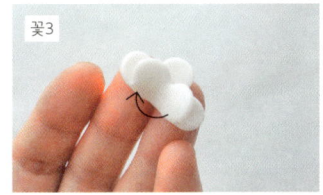

6. 3의 꽃과 동일한 사이즈로 2장을 준비한다. 1장을 사진과 같이 접고 화살표 방향대로 한 번 더 접는다.

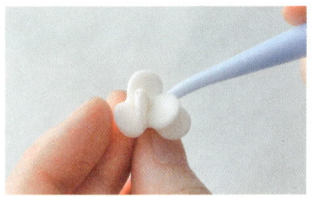

7. 꽃의 밑기둥 부분을 손가락으로 늘려 줄기를 만든다. 끝이 가늘고 평평한 세공 스틱으로 입체적인 꽃 형태가 되도록 꽃잎을 매만진다.

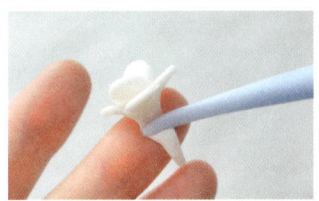

8. 7에서 늘린 줄기를 세공 스틱으로 짧게 자른다.

9. 다른 1장의 꽃을 아래에 두고 8의 꽃을 겹쳐 붙인 후 핀셋으로 토핑을 올리면 p. 109 '꽃'에 사용하는 꽃이 완성된다.

꽃 베리에이션

10. 꽃 1~3 외에도 동일한 꽃 스탬프로 사진과 같은 다양한 꽃을 만들 수 있다. 자신만의 새로운 꽃 만들기에도 도전해보자.

※ 쿠키에 올릴 경우 꽃이 마르기 전에 쿠키에 접착하고 나중에 토핑을 올린다.

누름틀 문양 찍기, 쿠키에 붙이기

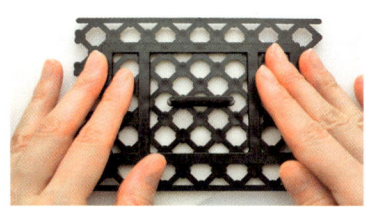

1. p. 24 '리본'과 같이 설탕 반죽을 밀어 편 후 누름틀을 눌러 문양을 찍고 천천히 들어 올린다.

2. 1 위에 쿠키를 올리고 끝이 칼로 되어 있는 세공 스틱으로 쿠키 모양을 따라 자른다.

3. 쿠키를 떼어내고 자른 설탕 반죽 뒷면 전체에 붓으로 알코올(p. 141 도버 화이트큐라소)을 바른다.

4. 어긋나지 않도록 주의하면서 3을 쿠키에 올려 접착한다. 공기가 들어가지 않도록 손가락이나 손바닥으로 살살 누른다.

Point

설탕 반죽 붙이기

설탕 반죽을 쿠키에 접착할 때는 입체적인 부속품은 아이싱을 풀 대신 사용하고, 평면적인 부속품은 알코올을 발라 붙인다.

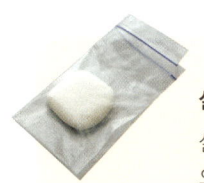

설탕 반죽 보관

설탕 반죽(롤 폰당)이 남으면 랩으로 싸서 지퍼 비닐팩에 넣어 밀봉한다. 냉동실에 넣고 가능한 한 빨리 사용한다.

실리콘 틀 만들어보기

인터넷을 통해 구입할 수 있는 식품용 실리콘으로 나만의 틀을 만들 수 있다. 단추나 펜던트 등 원하는 형태를 찾아서 틀에 넣어 만들어보자.

마시멜로 폰당 만들기

설탕 반죽(롤 폰당)은 마시멜로 등 쉽게 구할 수 있는 재료로 대신할 수 있습니다. 소량이 필요할 때 편리합니다.
재료 쇼트닝 적당량 / 마시멜로 75g / 물 1작은술 / 설탕 파우더 130g

1. 고무주걱으로 내열성 볼 전체에 쇼트닝을 바른다.

2. 1에 마시멜로와 물을 넣는다.

3. 랩을 씌워 전자레인지에 넣고 약 1분간 가열한다. 사진과 같이 마시멜로가 녹으면 꺼낸다. 오븐장갑 등을 껴서 데지 않도록 주의한다.

4. 체 친 설탕 파우더 1/2을 넣고 고무주걱으로 재빨리 섞는다.

5. 가루가 없어질 때까지 잘 섞는다.

6. 남은 설탕 파우더를 넣고 섞는다. 어느 정도 뭉쳐지고 표면이 매끈해지면 그만 섞는다.

7. 덩어리를 손에 들고 잘 치댄다(설탕 파우더가 남아 있어도 됨). 반죽이 뜨거우므로 화상에 주의한다.

8. 치대면서 반죽 상태를 보고 설탕 파우더를 더해 사진과 같이 잘 늘어지면 완성. 부속품을 만들 때는 식혀서 사용한다.

Point

마시멜로 폰당은 맛있고 설탕 반죽처럼 색을 들여서도 쓸 수 있다. 밀폐해서 냉장실에 넣어두면 약 1주일간 보관이 가능하지만 최대한 빨리 사용한다.

기본 무늬 쿠키

기본 테크닉을 사용해 귀여운 모양의 쿠키를 만들어봅시다.
베이스가 마르기 전에 그리는 무늬와 마르고 나서 그리는 무늬로 나눕니다.

꽃무늬 하트

마른 베이스 위에 입체적인 꽃과 점을 그린 쿠키. 점은 균형감을 생각하면서 위치를 잡아주세요.

재료
기본 쿠키
아이싱
아웃라인(LY) / 중간
베이스(LY) / 묽음
꽃, 점(WH) / 중간

점무늬 선물박스

마르기 전에 평면적인 점 모양을, 마르고 나서 입체적인 리본을 그립니다. 점은 베이스가 너무 묽지도, 마르지도 않은 상태일 때 잘 맞춰 짜야 합니다.

재료
기본 쿠키
아이싱
아웃라인(WH) / 중간
베이스(WH) / 묽음
점(OR+BR 소량) / 묽음
리본(LY) / 중간

장미무늬 브로치

두 가지 색상의 베이스가 마르면 장미와 잎 모양을 짭니다. 아웃라인을 그릴 때 중앙 타원 라인을 그리는 것도 잊지 마세요.

재료
기본 쿠키
아이싱
아웃라인(VI) / 중간
바깥쪽 베이스(VI) / 묽음
안쪽 베이스(WH) / 묽음
잎(LG) / 중간
장미(OR+BR 소량) / 중간
점(GY) / 중간

※ 쿠키 틀은 시판 쿠키 커터 사용

꽃무늬 하트 만들기

1. 쿠키 모양을 따라 하트 형태의 아웃라인을 그린다. 마르면 베이스를 발라 채운다.

2. 1이 완전히 마르면 물방울을 5개씩 짜서 꽃을 그린다. 쿠키 전체에 균형감 있게 그려나간다.

3. 빈 공간에 균형감 있게 점을 짠다.

점무늬 선물박스 만들기

1. 쿠키 형태를 따라 사각형 아웃라인을 그린다. 마르면 베이스를 발라 채운다.

2. 1이 완전히 마르기 전에 점무늬를 짠다. 재빨리 일정하게 아이싱을 짜서 동일한 크기의 점으로 만든다.

3. 2가 완전히 마르면 십자로 선을 긋고 교차점에 리본 고리와 휘어진 리본 아랫부분을 그린다. 휘어진 부분은 아래에서 위로 감아올리면서 짜고 교차점과 연결한다.

장미무늬 브로치 만들기

1. 쿠키 형태를 따라 아웃라인을 그리고, 중앙에도 타원의 라인을 그린다. 바깥쪽 → 안쪽 순서로 두 가지 색상의 베이스를 발라 채운다.

2. 1이 완전히 마르면 베이스에 타원을 덧그리듯이 원을 그리고 균형감 있게 잎 모양의 선을 그린다.

3. 2 위에 균형감 있게 장미무늬를 그린다. 꽃 중심에서 바깥을 향해 소용돌이 모양을 그리듯이 짜서 둥근 장미무늬를 만든다. 꽃이나 잎 주위에 3개씩 점을 짠다.

레이스무늬 쿠키

섬세한 레이스무늬도 아이싱으로 표현해보세요.
언뜻 어려워 보이지만 기본 테크닉을 잘 조합하면 충분히 할 수 있습니다.

레이스무늬 하트

기본 짜기의 조합으로 레이스
무늬를 만드는, 초보자를 위한
아이싱 쿠키 만들기입니다. 쿠
키 안의 무늬는 원하는 것으로
응용 가능합니다.

재료
기본 쿠키
아이싱
아웃라인(WH) / 중간
베이스(WH) / 묽음
레이스무늬(WH) / 중간

레이스무늬 브로치

사각선 라인에 곡선과 점 모양
을 조합한 쿠키. 제일 처음 사
각형 라인을 그릴 때 균형감에
주의합니다.

재료
기본 쿠키
아이싱
아웃라인(OR+BR 소량) / 중간
베이스(OR+BR 소량) / 묽음
레이스무늬(WH) / 중간

레이스무늬 스퀘어

기본의 곡선 그리기를 응용해
지그재그선으로 그립니다. 점
과 'C' 문자를 조합하면 어렵
지 않아요.

재료
기본 쿠키
아이싱
아웃라인(KG) / 중간
베이스(KG) / 묽음
레이스무늬(WH) / 중간

레이스무늬 하트 만들기

1. 쿠키 형태를 따라 아웃라인을 그린다. 마르면 베이스를 발라 채운다. 베이스가 완전히 마르면 사선으로 2개의 직선을 그린다.

2. 1의 2개의 선 사이에 8자 모양의 선을 그려나간다. 선의 폭에 맞춰 그리는 것이 포인트.

3. 1의 2개의 선을 따라 각각 작은 곡선을 그린다.

레이스무늬 브로치 만들기

1. 쿠키 형태를 따라 아웃라인을 그린다. 마르면 베이스를 발라 채운다. 베이스가 완전히 마르면 사각형 선을 그리고 각 모서리에 물방울 모양의 선을 그린다.

2. 1의 사각형 선을 따라 바깥쪽과 안쪽에 각각 작은 곡선을 그린다.

3. 2의 작은 곡선 중간 지점에 아래위로 각각 1개씩 점을 짠다.

레이스무늬 스퀘어 만들기

1. 쿠키 크기보다 한 사이즈 작게 사각형 아웃라인을 그리고 베이스를 발라 채운다. 베이스가 마르면 아웃라인을 따라 지그재그선으로 곡선을 두 바퀴 그리고 모서리마다 물방울과 점을 그린다.

2. 베이스 위 4곳에 3개씩 각각 중앙 → 좌우의 순서로 물방울을 그린다.

3. 2의 모양 옆에 점을 짜고 그대로 'C'자 모양으로 곡선을 그린 후 글자 마지막에 한 번 더 점을 짜면서 선을 끊는다. 빈틈을 메우듯이 반복하면서 그린다. 베이스 네 군데 모서리에 점을 짠다.

Column

토핑 아이템을 활용해보아요

색이나 모양도 가지각색인 스프링클이나 아라잔은 제과제빵 재료 매장 등에서
판매합니다(p.141). 작품 이미지에 맞게 골라서 사용해보세요.

1. 넌파레일스
작은 입자의 스프링클. 꽃이나 꽃심 등 아이싱으로 그린 리본 꾸미기 등에 사용한다.

2. 큰 입자의 스프링클
생일케이크의 깃대 꾸미기(→ p.102) 등 디자인의 포인트가 되는 부분에 사용한다.

3. 미니 하트
작은 크기의 하트 모양 스프링클. 두 가지를 함께 리본에 사용할 수도 있다.

4. 크리스마스 리스
호랑가시나뭇잎과 열매 스프링클. 크리스마스 테마의 쿠키에 사용해보자.

5. 두개골
두개골 모양 스프링클. 할로윈 등의 이벤트용으로 적당하다.

6. 뼈다귀
뼈다귀 모양의 스프링클. 두개골 스프링클과 섞어 사용해도 좋다.

7. 크리스털 설탕
황금색으로 물들인 설탕. 고급스러운 느낌을 연출하고자 할 때 사용한다.

8. 아라잔
금속과 비슷한 느낌으로 코팅한 것이 특징. 꽃술이나 데커레이션의 포인트로 사용한다.

9. 펄
광택이 있는 유백색 입자. 사진과 같이 매우 작은 사이즈부터 큰 사이즈까지 다양하다.

10. 더스팅 펄파우더
입자가 고운 식용 파우더. 붓에 발라 부속품이나 아이싱에 바르면 자연스러운 광택을 연출할 수 있다. 사진 오른쪽의 용기와 일체화되어 있는 것은 적당량의 파우더를 쿠키 전체에 편하게 바를 수 있는 도구.

빗물이 반짝이는 수국, 화려한 파리 여행,
여름의 바닷가, 서커스 코끼리 쇼, 섬세하고 화려한 액세서리.
꿈같은 C. bonbon 쿠키의 매력적인 아이템을 가득 만나보시기 바랍니다.

Part 2

C. bonbon의 세계로 어서 오세요!

열 가지 테마 쿠키

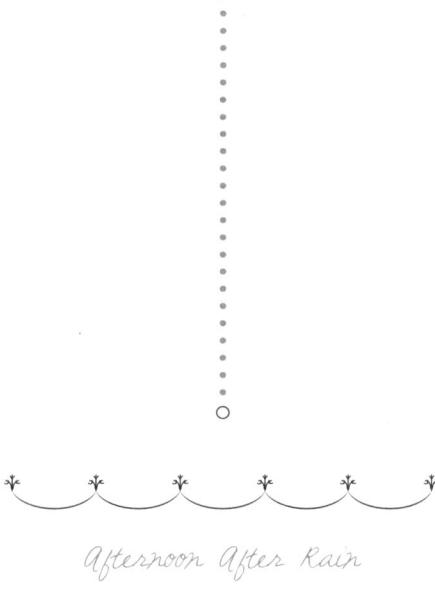

Afternoon After Rain

비 개인 오후

우울하게 내리던 비가 그치고 푸른 하늘이 고개를 내미는 오후 한때.
수국 잎에 맺힌 물방울이 반짝반짝 빛납니다.
붓으로 그림을 그리고, 꽃을 틀로 찍어 내고 아이싱을 짜고 섞으며…
다양한 테크닉으로 마블무늬(물에 색소를 떨어뜨려 퍼지게 한 것)를 표현해보세요.

우산

재료

기본 쿠키 → 틀 p. 141

새틴 리본(화이트)

※ 리본은 미리 만들어 둔다

아이싱

아웃라인(WH) / 중간

베이스(WH) / 묽음

무늬, 점, 부속품 접착(WH) / 중간

그림 그리기

마블(RB, VI)

설탕 반죽

수국(RB, VI)

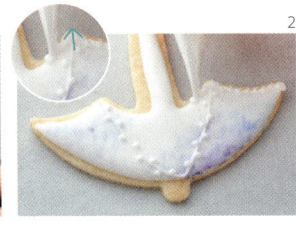

1. 우산 모양으로 아웃라인을 그리고 베이스를 칠한다. 마르면 물에 적신 붓으로 식용색소를 소량 묻혀 얼룩지게 마블무늬를 그린다.

2. 1이 마르면 우산 뼈대를 선과 점으로 그리고 V자로 자른 짤주머니로 화살표 방향으로 물방울을 1개씩 짜듯이 모양을 그린다.

3. 설탕 반죽을 얼룩지게 색을 들이고 1.5mm 두께로 밀어 편 후 수국 틀로 4장을 찍어 낸다. 우산 꼭대기에 붙이고 꽃 가운데 짤주머니로 점을 짠다. 지팡이 부분에 새틴 리본을 붙인다.

편지

재료

기본 쿠키 → 형지 p. 142

아이싱

편지지 아웃라인(WH) / 중간

편지지 베이스(WH) / 묽음

편지봉투 아웃라인(RB+VI) / 중간

편지봉투 베이스(RB+VI) / 묽음

편지지 모양, 점, 부속품 접착(WH) / 중간

편지봉투 무늬(RB+VI) / 중간

그림 그리기

마블(RB, VI)

설탕 반죽

수국(RB, VI)

1. 편지지 모양으로 아웃라인을 그리고 베이스를 칠한다. 마르면 편지봉투에 아웃라인을 그린다.

2. 편지봉투의 베이스를 채우고 마르면 편지지에 '우산' 1의 마블무늬를 그리고 위에서부터 8자 모양으로 테두리 문양을 그린다.

3. 편지봉투의 모양을 그리고 '우산' 3과 같이 틀로 찍어 낸 꽃잎 3장을 붙이고 꽃 중앙에 점을 짠다.

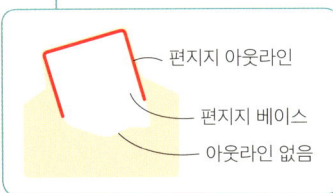

편지지 아웃라인

편지지 베이스

아웃라인 없음

수국 잎

재료
기본 쿠키 → 틀 p. 141
이소말트
아이싱
아웃라인, 부속품 접착(KG+RB 소량+VI 소량) / 중간
베이스(KG+RB 소량+VI 소량) / 묽음

1. 이소말트(당알코올 형태의 설탕 치환체)를 전자레인지로 가열해 녹인 후 오븐시트 위에 한 방울씩 떨어뜨린다. 뜨거우므로 데지 않도록 주의한다. 굳을 때까지 식힌다.
2. 잎 형태로 아웃라인을 그리고 베이스를 칠한다. 마르면 1을 붙인다.

수국 꽃잎

재료
기본 쿠키 → 시판 쿠키 커터
아이싱
아웃라인, 점(WH) / 중간
베이스(WH, KG+RB 소량+VI 소량, RB+VI 소량, RB 소량+VI) / 묽음

1. 수국 꽃잎 모양으로 아웃라인을 그리고 꽃잎 1장씩 네 가지 색상을 순서대로 채운다. 꽃잎이 채워지면 꽃 중앙을 흰색 베이스로 메운다.
2. 1이 마르기 전에 작은 숟가락이나 이쑤시개로 마블 모양이 될 때까지 섞는다. 너무 많이 섞지 않도록 주의한다. 꽃잎 중앙에 점을 짠다.

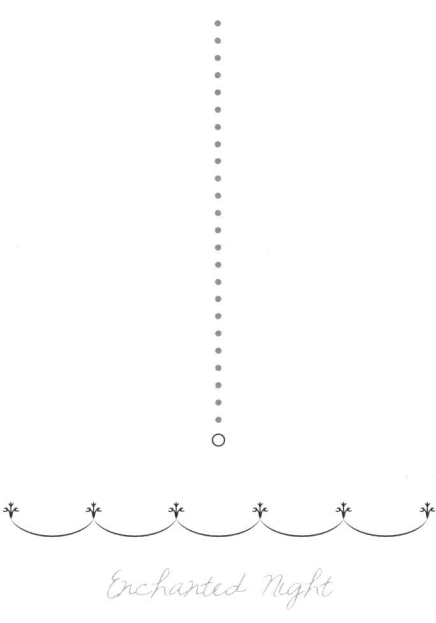

Enchanted Night

마법에 걸린 밤

유리구두를 신고 호박 마차에 올라타서 서둘러 무도회장으로 향합니다.
12시 종이 울리기 전까지 꿈같은 시간을 보내며….
드레스는 베이스를 두 번에 나눠 칠해 입체감 있게 완성했습니다.

마차

재료
기본 쿠키 → 형지 p. 142
펄 → p. 32
아라잔(실버) → p. 32

아이싱
마차 아웃라인(GY+BR 소량) / 중간
마차 베이스(GY+BR 소량) / 묽음
커튼 아웃라인(WH) / 중간
커튼 베이스(WH) / 묽음
마차 장식, 모양, 부속품 접착(WH) / 중간

설탕 반죽
마차 바퀴, 레이스(WH)

1. 1.5mm 두께의 설탕 반죽을 작은 것, 큰 것 두 종류의 원형 커터로 찍어 바퀴 2개를 만들고 알코올을 발라 쿠키에 붙인다.

2. 마차와 창문 아웃라인을 그리고 베이스를 채운 후 마르면 가운데 창문에 커튼의 아웃라인을 그리고 베이스를 채운다.

3. 2가 마르면 지붕과 왼쪽, 오른쪽 창문 윗부분에 가는 지그재그 선을 그리고 커튼의 선도 그린다.

4. 마차 아랫부분에 직선 1개를 긋고 물방울선 3개와 점을 섞어 그린다.

5. 바퀴 가운데 물방울 모양을 한 바퀴 둘러 짜 꽃을 그린다. 바퀴 위에 8자 모양을 한 바퀴 그린다.

6. 1.5mm 두께의 설탕 반죽을 가늘고 길게 자르고 끝이 가는 세공 스틱으로 사진과 같이 중앙에서 바깥을 향해 끌어당긴다. 동일한 간격으로 반복한다.

7. 6의 끝을 손가락으로 누르고 세공 스틱으로 중앙을 화살표 방향으로 끌어 온다.

8. 마차 지붕에서 중앙의 창문 폭에 맞춰 7의 여분 부분을 자른 후 붙인다. 중심을 세공 스틱으로 눌러 모양을 잡는다.

9. 8 위에 펄, 아라잔을 붙인다. 바퀴 안의 꽃 중앙에도 동일하게 펄, 아라잔을 붙인다.

시계

재료

기본 쿠키 → 시판 쿠키 커터
펄 → p. 32
아라잔(실버) → p. 32

아이싱

아웃라인(GY+BR 소량) / 중간
베이스(GY+BR 소량) / 묽음
시곗바늘(RB+BR 소량) / 중간
숫자, 시계 장식, 부속품 접착(WH) / 중간

설탕 반죽

숫자판(WH)

1. 아웃라인을 그리고 베이스를 채운 후 마르면 1.5mm 두께의 설탕 반죽을 원형 커터로 찍어서 알코올을 발라 붙인다.

2. 숫자판에 숫자와 바늘을 그린다. 시곗바늘이 가리키는 시간은 12시보다 조금 이르게 한다.

3. 숫자판 중심에 펄, 아라잔을 붙인다. 숫자판을 물방울선으로 한 바퀴 그리고 시계 모서리에는 물방울 5개와 아라잔으로 장식한다.

구두 받침대

재료

기본 쿠키 → 시판 쿠키 커터
아라잔(실버) → p. 32

아이싱

아웃라인(WH) / 중간
베이스(WH) / 묽음
부속품 접착(WH) / 중간

설탕 반죽

레이스(WH)

1. 6개의 직사각형이 되도록 아웃라인을 그리고 사진과 같이 1개씩 띄우고 베이스를 채운 후 마르면 나머지 베이스를 채운다.

2. 1이 마르기 전에 아랫단의 직사각형 모서리에 아라잔을 붙인다.

3. '마차'의 6과 동일하게 레이스를 만들어 아이싱을 짠 쿠키 위에 올리고 당기면서 붙인다.

유리구두

재료

기본 쿠키 → 틀 p. 141

설탕

펄 → p. 32

아라잔(실버) → p. 32

아이싱

아웃라인(WH) / 중간

베이스(WH) / 묽음

구두 입구의 선, 부속품 접착(WH)

설탕 반죽

꽃(WH)

1. 구두 모양으로 아웃라인을 그리고 베이스를 채운다. 마르기 전에 설탕을 뿌리고 마르면 여분의 설탕을 붓으로 털어낸다.

2. 1.5mm 두께의 설탕 반죽을 원형으로 2장 찍어 낸다. 중심보다 조금 벗어난 부분에 끝이 가는 세공 스틱을 대고 바깥을 향해 끌어당긴다. 동일한 간격으로 한 바퀴를 반복한다.

3. 1의 구두 입구에 물방울선을 그리고 구두 발등 부분에 2의 꽃을 2장 겹쳐 붙인다. 꽃 중앙에 펄, 아라잔을 붙인다.

드레스

재료

기본 쿠키 → 형지 p. 142

설탕

아이싱

드레스 아웃라인(RB+BR 소량) / 중간

드레스 베이스(RB+BR 소량) / 묽음

드레스 흰 부분 아웃라인(WH) / 중간

드레스 흰 부분 베이스(WH) / 묽음

부속품 접착(WH) / 중간

설탕 반죽

꽃(WH)

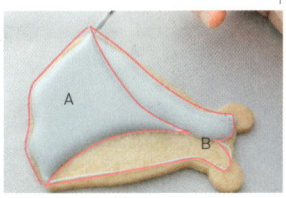

1. 사진과 같이 드레스의 아웃라인을 그리고 A의 베이스를 채운다. 마르면 B의 베이스를 채우고 다시 말린다.

2. 드레스 흰 부분의 아웃라인을 그리고 베이스를 채운다. 마르기 전에 설탕을 뿌리고 마른 후에 여분의 설탕을 붓으로 털어낸다.

3. p. 25의 1과 동일하게 꽃(소)을 6장 찍어 반으로 접고 다시 화살표 방향으로 접는다. 드레스 어깨에 붙인다.

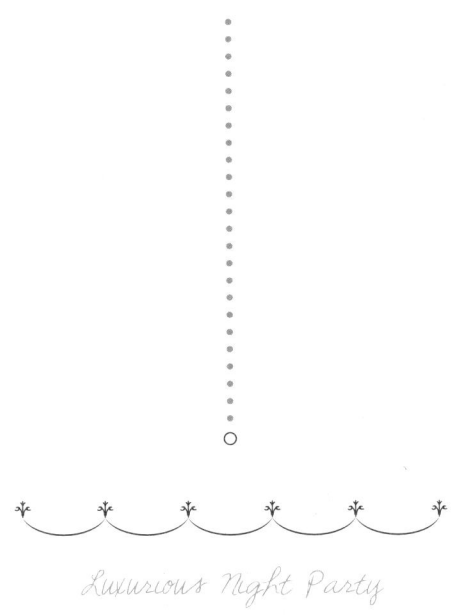

Luxurious Night Party

환상적인 나이트 파티

영화 〈위대한 개츠비〉의 세계를 이미지화한, 모노톤과 골드로 제작한 화려한 세트.
장식이 어려워 보이지만 틀을 사용하면 의외로 간단합니다.
반짝이는 파우더를 뿌려 보다 고급스러움을 연출해보세요.

케이크

재료
기본 쿠키 → 형지 p. 142
더스팅 펄파우더 → p. 32

아이싱
케이크 아웃라인(WH) / 중간
케이크 베이스(WH) / 묽음
케이크 스탠드 아웃라인(BL) / 중간
케이크 스탠드 베이스(BL) / 묽음
케이크 모양, 부속품 접착(WH) / 중간
케이크 스탠드 모양, 부속품 접착(BL) / 중간

설탕 반죽
깃털 장식(WH)
장식 부속품(GY+LY 소량+BR 소량)

스탠드의 아웃라인 ②

1. 케이크와 스탠드의 아웃라인 ①을 그리고 베이스를 채운다. 마르면 스탠드 아웃라인 ②를 겹쳐 그리고 베이스를 채운다.

2. 마르면 케이크 1~3단에 작은 곡선을 서로 마주 보게 2개씩 그리고 제일 아랫단은 지그재그선을 그린 후 스탠드의 무늬를 그린다.

3. 소량의 설탕 반죽을 타원형으로 만들어 깃털틀(p.141)에 넣고 모양을 찍어 낸다. 깃털 가운데를 손가락으로 집어 오므리면서 깃털의 심을 만든다.

— 케이크의 아웃라인

아웃라인 없음
— 스탠드의 아웃라인①
— 스탠드의 베이스

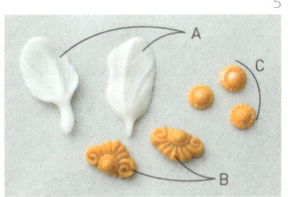

A

C

B

4. 사진과 같이 브로치틀(p.141)의 일부를 사용해 색을 들인 설탕 반죽을 넣고 모양을 찍어 낸다.

5. 3의 깃털(A) 2개, 4의 장식(B) 2개, 장식(C) 3개를 준비한다.

6. 5의 A와 C를 케이크의 맨 윗단에, B를 스탠드에 붙인다. 마르면 부속품 부분에 더스팅 펄파우더를 바른다.

쿠션

재료

기본 쿠키 → 시판 쿠키 커터

아이싱

아웃라인(BL) / 중간

베이스(BL) / 묽음

무늬(GY+LY 소량+BR 소량) / 중간

1. 사각형 아웃라인을 그리고 베이스를 채운다. 마르면 네 모서리가 들어간 사각형 선을 그린다.

2. 1 위에 사진처럼 네 모서리에 사각형 무늬가 있는 선을 그린다.

테이블 조명

재료

기본 쿠키 → 형지 p. 142

더스팅 펄파우더 → p. 32

아이싱

아웃라인(BL) / 중간

베이스(BL) / 묽음

무늬, 부속품 접착(BL) / 중간

설탕 반죽

장식 부속품(BL)

아웃라인 없음

스탠드 베이스

스탠드 아웃라인

1. 조명 스탠드의 아웃라인을 그리고 베이스를 채운다. 마르면 갓의 아웃라인을 그린 후 베이스를 채운다.

2. 1이 마르면 갓의 선과 물방울무늬를 짠다.

3. 색을 들인 설탕 반죽으로 '케이크'의 5와 마찬가지로 B를 4개 만들어 붙인다. 마르면 부속품 부분에 더스팅 펄파우더를 붓으로 바른다.

드레스

재료

기본 쿠키 → 형지 p. 142

더스팅 펄파우더 → p. 32

아이싱

아웃라인(WH) / 중간

베이스(WH) / 묽음

점, 장식, 부속품 접착(WH) / 중간

설탕 반죽

깃털 장식(WH), 펜던트(WH)

※ 검은 드레스는 사진을 참고해서 색을 바꾼다

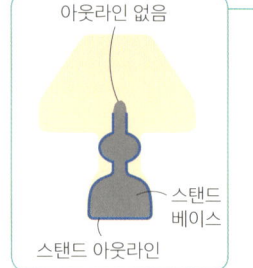   

1. 설탕 반죽으로 '케이크'의 5와 동일하게 A를 5개, C를 1개 만든다.

2. 드레스의 아웃라인을 그리고 베이스를 채운다. 마르면 1의 A를 치마에 붙이고 점으로 목걸이, 지그재그선으로 허리 장식을 그린다.

3. 펜던트 위치에 1의 C를 붙인다. 마르면 붓으로 부속품에 더스팅 펄파우더를 바른다.

파티 보드

재료

기본 쿠키 → 시판 쿠키 커터
펄 → p. 32
더스팅 펄파우더 → p. 32

아이싱

아웃라인(WH) / 중간
베이스(WH) / 묽음
부속품 접착(WH) / 중간
무늬(BL) / 중간

설탕 반죽

깃털 장식(WH)
장식 부속품(GY+LY 소량+BR 소량, WH)
보드(BL)

1. 설탕 반죽으로 '케이크'의 5와 동일하게 A를 2개, B를 4개, C를 1개 만든다. 1.5mm 두께의 색을 들인 설탕 반죽을 직사각형으로 자른다.

2. 쿠키 모양대로 아웃라인을 그리고 베이스를 채운다. 마르면 1의 직사각형 부속품을 알코올로 붙인다. B를 붙이고 직사각형 주위에 물방울선을 그린다.

3. 남은 부속품과 펄을 사진과 같이 붙인 후 마르면 붓으로 부속품에 더스팅 펄파우더를 바른다.

원형 장식

재료

기본 쿠키 → 틀 p. 141
펄 → p. 32
더스팅 펄파우더 → p. 32

아이싱

아웃라인(WH) / 중간
베이스(WH) / 묽게
부속품 접착(WH) / 중간
무늬(BL) / 중간

설탕 반죽

깃털 장식, 물방울 장식 안(WH)
장식 부속품(GY+LY 소량+BR 소량, WH)

1. 브로치틀(p. 141)의 보석 부분에 기본 설탕 반죽을 넣는다.

2. 1 위에 다시 색을 들인 설탕 반죽을 덮어 메워 물방울 모양의 브로치 부속품을 만든다.

3. 쿠키에 맞춰 원형의 아웃라인을 그리고 베이스를 채운다. 마르면 직선을 2개씩 그리고 직선 사이에 사다리를 그리듯이 얇은 선을 넣는다.

4. 위 사다리선 위에 점을 짜고 아래 사다리 선 밑에 반원무늬를 그린다.

5. 설탕 반죽으로 '케이크' 5와 동일하게 A를 2개 만들어 붙인다. 2와 펄을 붙이고 마르면 붓으로 부속품에 더스팅 펄파우더를 바른다.

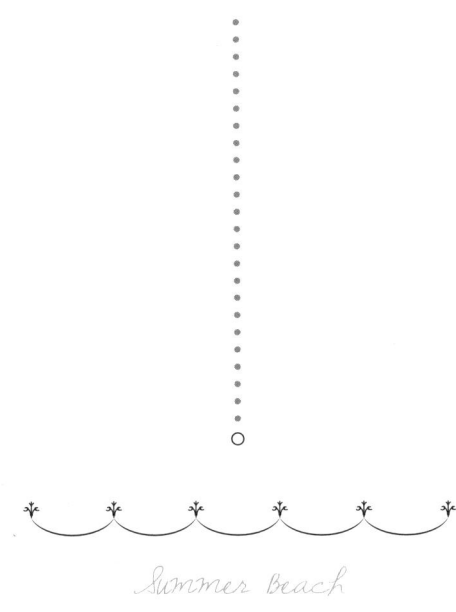

Summer Beach

여름 해변

쨍쨍 해가 내리쬐는 해변에 귀여운 수영복을 입고 놀러 왔어요.
열대 과일 디저트, 비치발리볼 놀이와 모래장난을 하며
여름을 마음껏 즐겨봐요!
모래바구니에 듬뿍 담은 모래는 황설탕을 뿌려 만들면 됩니다.

모래바구니

재료
기본 쿠키 → 형지 p. 142
황설탕
넌파레일스(레드) → p. 32

아이싱
모래바구니 아웃라인(VI) / 중간
모래바구니 베이스(VI) / 묽음
모래 베이스(BR) / 묽음
꽃(RE+RO+BR 소량) / 중간
손잡이(RB+KG) / 중간
글자(원하는 색상) / 중간

1. 모래바구니의 아웃라인을 그리고 베이스를 채운다. 마르면 타원형이 되도록 바구니 위 중앙에 모래 베이스 부분을 채운다.

2. 1이 마르기 전에 황설탕을 듬뿍 끼얹는다. 그대로 잠시 말린다.

3. 2가 마르면 여분의 황설탕을 붓으로 털어낸다.

4. 3 좌우에 물방울 모양의 꽃잎을 한 바퀴 작게 짜고 마르기 전에 꽃 중앙에 넌파레일스를 붙인다.

5. 물방울선으로 손잡이를 짠다.

6. 모래바구니에 글자를 쓴다. 한 글자씩 색상을 바꾸면 분위기가 발랄해진다.

원피스 수영복

재료
기본 쿠키 → 형지 p. 142

아이싱
아웃라인(RB+KG+BR 소량) / 중간
베이스(RB+KG+BR 소량) / 묽음
수영복 팬티라인, 부속품 접착
(WH) / 중간
꽃술(GY+LY) / 중간

설탕 반죽
꽃(WH)

베이스①
베이스②
아웃라인

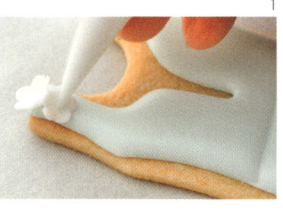
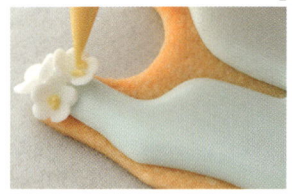

1. 아웃라인을 그리고 베이스 ①을 채운 후 마르면 베이스 ②를 채운다. p. 25의 1~3과 동일하게 꽃(소) 6장을 찍어 수영복 어깨에 붙인다.

2. 꽃 중앙에 점으로 꽃술을 짠다.

3. 팬티라인을 따라 V자로 자른 짤주머니로 물방울선을 짠다.

비키니

재료
기본 쿠키 → 형지 p. 142
아이싱
아웃라인(WH) / 중간
베이스(WH) / 묽음
부속품 접착(WH) / 중간
설탕 반죽
프릴(WH)

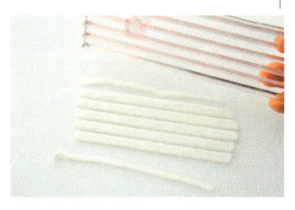
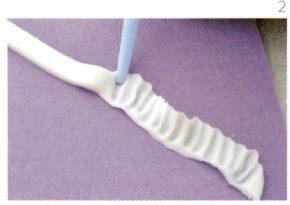

한쪽 면을 눌러 붙인다

1. 1.5mm 두께의 설탕 반죽을 폭 5mm 직사각형으로 자른다(스탬프를 사용하면 편리).

2. 1을 가는 세공 스틱으로 누르면서 끌어당긴다. 동일한 간격으로 반복해서 프릴 모양을 만든다.

3. 쿠키에 비키니 형태로 아웃라인을 그리고 베이스를 채운다. 마르면 2를 어깨, 가슴, 허리에 붙이고 가는 세공 스틱으로 여분의 부분을 자른다. 세공 스틱으로 한쪽을 눌러주면서 입체적으로 만든다.

비치샌들

재료
기본 쿠키 → 형지 p. 142
넌파레일스(옐로) → p. 32
아이싱
아웃라인(WH) / 중간
베이스(WH) / 묽음
파인애플(GY+LY) / 묽음
잎(KG+BR 소량) / 묽음
비치샌들(RE+BR 소량) / 중간
비치샌들 구슬(WH) / 중간

1. 샌들 형태로 아웃라인을 그리고 한쪽 샌들에만 베이스를 채운다. 마르기 전에 점으로 파인애플, 잎 3개를 그린다. 다른 한쪽 샌들도 동일하게 한다.

2. 넌파레일스를 작은 용기에 꺼내 아이싱을 1방울 짜서 떨어뜨린다. 용기를 흔들어 넌파레일스를 붙이고 잠시 말린다. 이것을 2개 만든다.

3. V자로 자른 짤주머니로 물방울선을 짠다. 마르기 전에 2의 구슬을 올려 붙인다.

파인애플

재료
기본 쿠키 → 시판 쿠키 커터
새틴 리본(옐로)
※ 리본은 미리 만들어 둔다

아이싱
아웃라인(GY+LY) / 중간
베이스(GY+LY) / 묽음
잎(KG+BR 소량) / 중간
글자(원하는 색상) / 중간

1. 파인애플 모양으로 아웃라인을 그리고 베이스를 채운다. 마르면 글자를 쓴다.

2. V자로 자른 짤주머니로 흔들면서 잎을 짠다. 좌우 잎은 가운데 잎에 조금 겹쳐 짠다.

3. 2가 마르기 전에 새틴 리본을 올려서 붙인다.

야자수

재료
기본 쿠키 → 시판 쿠키 커터
아라잔(골드) → p. 32

아이싱
잎 아웃라인(KG+BR 소량) / 중간
잎 베이스(KG+BR 소량) / 묽음
나무 몸통 아웃라인(BR) / 중간
나무 몸통 베이스(BR) / 묽음
부속품 접착(KG+BR 소량) / 중간
나무 몸통 선(BR) / 중간

잎과 나무 몸통의 아웃라인을 그리고 베이스를 채운다. 마르면 아라잔을 붙이고 나무 몸통의 선을 그린다.

비치볼

재료
기본 쿠키 → 틀 p. 141
아라잔(실버) → p. 32

아이싱
아웃라인, 부속품 접착(WH) / 중간
베이스(GY+LY, RE+RO+BR 소량, RB+KG, VI+RO, VI 소량) / 묽음

설탕 반죽
꽃(WH)

1. 원을 5등분해서 아웃라인을 그린다. 다섯 가지 색상의 베이스를 채운다. 아웃라인의 선 위에 덮어 쓰듯이 채운다.

2. p. 25 공정 1~4와 마찬가지로 꽃(소)을 1개 만들어 쿠키 중앙에 붙인다.

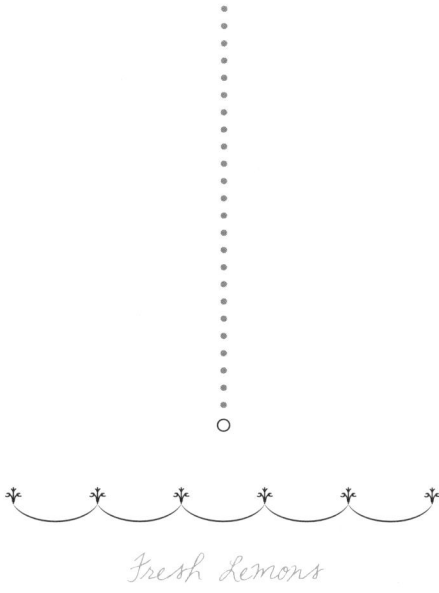

Fresh Lemons

신선한 레몬

방금 딴 레몬의 상큼한 향이 풍기는 쿠키로 기분 전환을 해보세요.
아이싱도 쿠키도 전부 레몬 맛.
붓과 이쑤시개로 레몬 그림도 그려봅니다.

※ 아이싱에 소량의 레몬즙을 미리 섞어 둔다

레몬 쿠키

재료(만들기 쉬운 분량) 무염버터 50g / 설탕 50g / 소금 적당량 / 바닐라오일 적당량 / 레몬즙 1큰술 /
강판에 간 레몬껍질 / 달걀노른자(중간 사이즈) 1개 / 박력분 110g / 덧가루 적당량

※ 레몬즙과 레몬껍질은 미리 섞어 둔다
※ 쿠키 만들기는 p. 12~13을 참조하고 레몬즙, 레몬껍질과 소금은 공정 3에서 재료에 섞는다

원형 장식

재료
레몬 쿠키 → 틀 p. 141
아이싱
아웃라인(WH) / 중간
베이스(WH) / 묽음
점(WH) / 중간
그림 그리기
레몬(LY, GY)
잎(LG)
아웃라인, 가지(BL)

1. 둥근 형태의 아웃라인을 그리고 베이스를 채운다. 마르면 물에 적신 붓에 식용색소를 소량 묻혀 농담을 조절해가며 레몬과 잎을 그린다.
2. 이쑤시개 끝에 아주 소량의 식용색소를 묻혀 레몬과 잎의 아웃라인, 가지를 그린다. 약간 굵듯이 그리면 좋다.
3. 쿠키의 아웃라인을 따라 점을 한 바퀴를 짜준다.

레몬

재료
레몬 쿠키 → 틀 p. 141
아라잔(실버) → p. 32
아이싱
아웃라인(LY 많이+GY) / 중간
베이스(LY 많이+GY) / 묽음
부속품 접착(WH) / 중간
설탕 반죽
꽃(WH)
잎(LG+BR 소량)

1. 1.5mm 두께의 설탕 반죽을 꽃틀(소)로 2장, 다른 꽃틀(중)로 1장씩 찍고 반죽에 색을 들여 잎틀로 2장을 찍는다.
2. 잎 끝을 잡고 손가락으로 오므리고 여분의 설탕 반죽은 뜯어낸다. 꽃은 p. 25의 공정 1~4와 동일하게 한다.
3. 쿠키에 레몬 모양 아웃라인을 그리고 베이스를 채워 마르면 공정 1~2에서 만든 부속품을 접착시킨다. 꽃 중앙에 아라잔을 붙인다.

레몬 케이크

재료
레몬 쿠키 → 형지 p. 142
아라잔(실버) → p. 32

아이싱
아웃라인(WH) / 중간
베이스(WH) / 묽음
점, 부속품 접착(WH) / 중간

그림 그리기
레몬(LY, GY)
잎(LG)
아웃라인, 가지(BL)

설탕 반죽
꽃(WH)
잎(LG+BR 소량)
레몬(LY 많이+GY)

1. 케이크 형태로 아웃라인을 그리고 베이스를 채운다. 마르면 '원형 장식'의 공정 1~2와 동일하게 그림을 그리고 점을 이어서 짠다.
2. 색을 들인 소량의 설탕 반죽을 둥글려서 누르고 양끝을 늘려 레몬 형태로 2개를 만든다.
3. 1.5mm 두께의 설탕 반죽을 꽃틀(소, 중)로 각각 5~6장씩 찍고 색을 들여 잎 커터로 3장을 찍어 낸다. 잎은 끝부분을 오므린다.
4. 공정 2~3에서 만든 부속품을 케이크 윗부분에 붙이고 꽃 중앙에 아라잔을 올린다.

꽃

재료
레몬 쿠키 → 틀 p. 141

아이싱
아웃라인(WH) / 중간
베이스(WH) / 묽음
점(LY 많이+GY) / 중간

꽃잎 형태로 아웃라인을 그리고 베이스를 채운다. 마르면 꽃 중앙에 점을 몇 개 짠다.

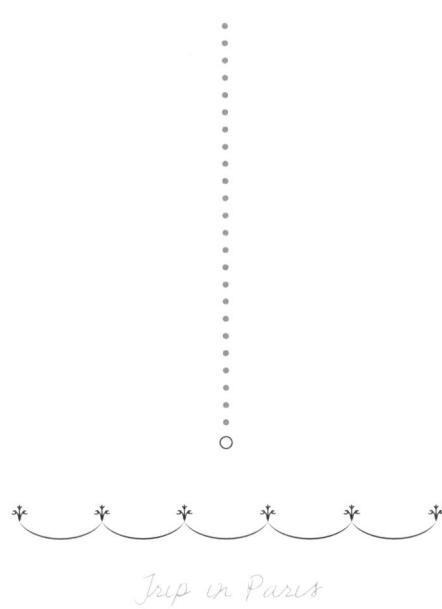

Trip in Paris

파리 여행

큰 여행가방에 짐을 바리바리 넣고
프랑스 파리로 출발!
설탕 반죽 꽃잎을 말아서 만든 장미꽃이
향기를 한가득 피워냅니다.

에펠탑

재료

기본 쿠키 → 시판 쿠키 커터

아이싱

아웃라인(WH) / 중간

베이스(WH) / 묽음

잎(KG+BR 소량) / 중간

철선(GY+BR 소량) / 중간

꽃(RE+OR+BR 소량, VI+BR 소량) / 중간

꽃술(SB 소량) / 중간

부속품 접착(WH) / 중간

설탕 반죽

장미(OR+RE, OR 소량+RE 소량, WH)

1. 에펠탑 모양으로 아웃라인을 그리고 베이스를 채운다. 마르면 잎무늬선 2개를 그린다.

2. 1의 선을 제외하고 철선 무늬를 그린다.

3. 1의 잎무늬선 위에 균형감 있게 점과 꽃을 그린다. 철선 상부의 선과 겹쳐지게 잎무늬와 꽃을 그린다.

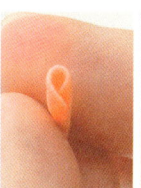
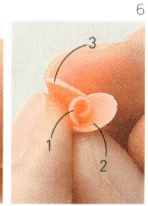

장미 한 송이당 3색 꽃잎을 합쳐 10장 정도면 사진과 같이 볼륨감 있게 연출할 수 있다.

4. 세 가지 색상의 설탕 반죽을 1.5㎜ 두께로 밀어 펴고 꽃틀(소)로 찍은 후 꽃잎을 가로로 자른다.

5. 끝이 둥근 세공 스틱(큰 부분)으로 꽃잎을 1장씩 평평하게 고르듯이 윤곽을 따라 둥글둥글하게 눌러 편다.

6. 제일 진한 색의 장미 잎을 두 손가락 사이에서 굴려서 만든다. 이 것을 감싸듯이 해 두 번째를 말고 도중에 세 번째를 중간에 겹치게 넣는다.

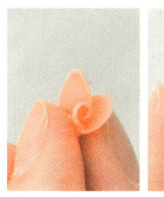

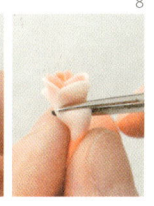

7. 세 번째를 말면서 다음 색의 첫 번째 잎을 사이에 끼운다. 이것을 반복하면서 안쪽부터 진함 → 연함 → 흰색 순이 되도록 꽃잎을 전부 만든다.

8. 꽃잎 아랫부분을 손가락으로 비벼가며 늘인다. 여분 부분을 가로로 자르고 바닥을 평평하게 만든다. 이 장미를 2개 만든다.

9. 쿠키에 8을 붙인다. V자로 자른 짤주머니를 흔들면서 장미 사이에 잎을 짠다.

여행가방

재료
기본 쿠키 → 형지 p. 142
아라잔(실버) → p. 32

아이싱
상단 아웃라인(WH) / 중간
상단 베이스(WH) / 묽음
중간단 아웃라인(RB+BR 소량) / 중간
중간단 베이스(RB+BR 소량) / 묽음
하단 아웃라인(KG+BR 소량) / 중간
하단 베이스(KG+BR 소량) / 묽음
상단 스트라이프(VI+BR 소량) / 묽음
장식, 무늬, 부속품 접착(GY+BR 소량) / 중간
하단 삼각형 베이스(GY+BR 소량) / 묽음
잎(KG+BR 소량) / 중간

설탕 반죽
장미((OR+RE, OR 소량+RE 소량, WH)

1. 아웃라인을 그리고 베이스를 채운다. 상단은 마르기 전에 스트라이프를 그린다. 마르면 가로세로로 직선 3개와 가운데 물방울을 그리고 아라잔을 붙인다.

2. 중간단의 각 모서리에 물방울을 3개씩 그린다. 가로로 직선을 1개 긋고 가운데 물방울을 아래로 3개씩 그린 후 아라잔을 붙인다.

3. 하단에 가로 1줄, 세로 2줄을 긋고 세로선에 좌우로 비스듬하게 물방울을 틈 없이 빼곡하게 그린다. 다른 1개의 세로선도 동일하게 한다.

4. 가로선 가운데 리본과 물방울을 그리고 리본 위에 겹쳐지게 지그재그선을 덧그린다.

5. 하단 각 모서리에 삼각형 아웃라인을 그리고 베이스를 채운다.

6. '에펠탑'의 4~8과 동일하게 장미를 2개 만들어 쿠키에 붙인다. 장미 옆에 'V'자로 자른 짤주머니로 잎을 그린다.

마카롱

재료
기본 쿠키 → 형지 p. 142
아라잔(실버) → p. 32

아이싱
아웃라인(RO+RE+BR 소량) / 중간
베이스(RO+RE+BR 소량) / 묽음
가운데 부분 점(RO 많이+RE 많이+BR 소량) / 중간
지그재그선, 부속품 접착(RO+RE+BR 소량) / 중간

설탕 반죽
꽃잎(RO 많이+RE 많이+BR 소량)

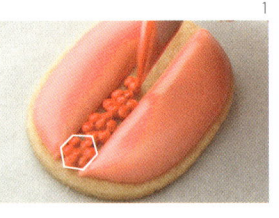

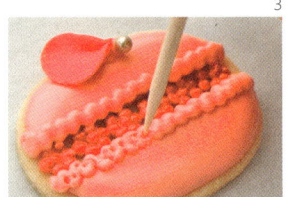

1. 가운데를 띄우고 마카롱 모양으로 아웃라인을 그리고 베이스를 채운다. 가운데 부분에 여러 개의 점을 육각형이 되도록 균형감 있게 짠다.

2. 색을 들인 설탕 반죽을 1.5mm 두께로 밀어 펴고 꽃틀(특대)로 찍은 후 꽃잎 1장을 가로로 자른다. 꽃잎 아래를 손가락으로 오므린다.

3. 쿠키에 2와 아라잔을 붙인다. 마카롱 가운데 부분에 아래위로 지그재그선을 그리고 조금 마르면 이쑤시개로 선을 찔러 작은 무늬를 만든다.

기구

재료
기본 쿠키 → 형지 p. 142
아라잔(실버) → p. 32

아이싱
풍선 아웃라인(OR+PI+BR 소량) / 중간
풍선 베이스(OR+PI+BR 소량) / 묽음
바구니, 풍선 장식 아웃라인(WH) / 중간
바구니, 풍선 장식 베이스(WH) / 묽음
풍선 장식, 바구니 장식, 끈(GY+BR 소량) / 중간
잎(KG+BR 소량) / 묽음

그림 그리기
장미(OR)
풍선무늬(RB)

1. 풍선과 바구니의 아웃라인을 그리고 베이스를 채운다(풍선은 중앙만 해당). 마르기 전에 소량의 식용색소(OR)를 묻힌 이쑤시개를 돌려가면서 넣어 장미를 그린다.

2. 다시 식용색소(RB)를 소량 묻혀 구멍을 뚫듯이 돌려가며 무늬를 그린다.

3. 1의 장미에서 이어지듯이 'C'자와 물방울이 합쳐진 잎무늬를 그린다. 풍선의 나머지 부분도 1~3과 동일하게 그린다.

4. 3이 마르면 위에 풍선 장식의 아웃라인을 그리고 베이스를 채운다.

5. 마르면 4의 아웃라인을 따라 지그재그선을 그린다. 윗선의 감아 올라가는 부분에 물방울을 3개씩 짜고 아라잔을 붙인다. 아래에는 둥근 무늬를 그린다.

6. 풍선과 바구니 사이에 '여행가방'의 3과 동일하게 선을 긋고 바구니에 지그재그선, 8자, 물방울 3개, 점을 그린다.

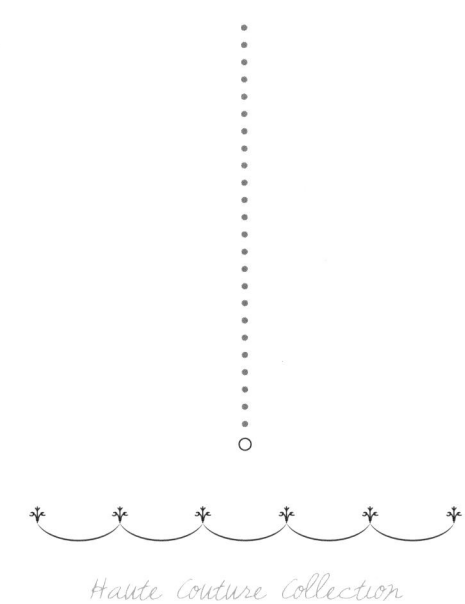

Haute Couture Collection

오트쿠튀르 컬렉션

섬세한 레이스, 스팽글 장식, 꽃무늬….
소녀의 마음을 들썩이게 하는 아기자기 아이템이 한자리에 모였습니다.
드레스 원단에 그려진 무늬에 더스팅 펄파우더를 뿌리면
어렴풋이 무늬가 떠오릅니다.

드레스

재료

기본 쿠키 → 틀 p. 141

알코올

더스팅 펄파우더 → p. 32

※ 더스팅 펄파우더를 미리 알코올에

녹여 둔다(A)

웨이퍼 페이퍼(식용종이)

펄 → p. 32

아이싱

아웃라인(LY 소량+GY 소량+BR 소량) / 중간

베이스(LY 소량+GY 소량+BR 소량) / 묽음

자수무늬, 부속품 접착(LY 소량+GY 소량

+BR 소량) / 중간

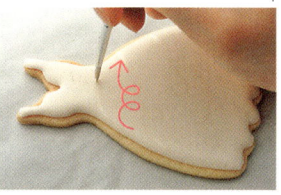

1. 드레스 형태로 아웃라인을 그리고 베이스를 채운다. 마르기 전에 A를 붓에 바르고 뱅글뱅글 돌리며 선을 그린다.

2. 마르면 마른 붓으로 더스팅 펄파우더를 전체에 바른다.

3. 드레스 자수무늬를 그린다. 완만한 곡선의 꽃이나 잎이 좋다.

무늬 확대

4. 드레스 앞가슴과 아랫단에 8자무늬의 선을 그린다.

5. p. 72 '케이크'의 2~3과 동일하게 만든 부속품을 드레스 어깨에 붙인다.

6. 드레스 자수무늬에 균형감 있게 펄을 붙인다.

케이크

재료
기본 쿠키 → 형지 p. 142
웨이퍼 페이퍼(식용종이)
펄 → p. 32
아이싱
아웃라인(RE+OR+BR 소량) / 중간
베이스(RE+OR+BR 소량) / 묽음
꽃, 점, 부속품 접착(WH) / 중간
설탕 반죽
프레임(WH)

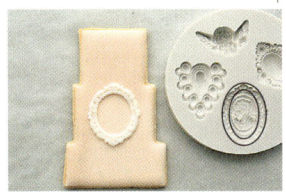

1. 케이크 형태로 아웃라인을 그리고 베이스를 채운다. 브로치틀 (p. 141)의 사진과 같은 부분에 설탕 반죽을 넣고 틀에서 빼내 다 마른 케이크에 붙인다.

2. 웨이퍼 페이퍼를 구멍 뚫는 펀치로 뚫어 동그란 종이를 많이 만 든다.

3. 2에 아이싱을 짜고 펄을 올려 붙인다.

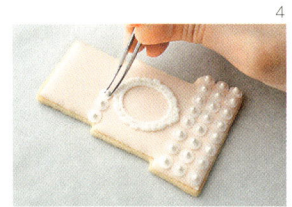

4. 쿠키에 3을 나열하고 붙인다.

5. 1의 프레임 위, 케이크 상부에 물방울로 꽃을 그리고 꽃 중앙에 펄을 올려 붙인다.

6. 꽃과 꽃 사이에 점을 짠다.

레이스

재료
기본 쿠키 → 형지 p. 142
웨이퍼 페이퍼(식용종이)
펄 → p. 32
더스팅 펄파우더 p. 32
아이싱
아웃라인(WH) / 중간
베이스(WH) / 묽음(물 많이)
펄 접착(WH) / 중간
설탕 반죽
꽃(WH)

1. 사진과 같이 아웃라인을 그리고 말린다. 상당히 묽게 만든 베이 스를 붓으로 얇게 바른다.

2. 1.5㎜ 두께의 설탕 반죽을 꽃 커터와 원형 커터로 찍어 구멍을 낸 꽃을 7개 정도 만들어 중앙 단에 겹쳐 붙인다.

3. '케이크'의 2~3과 동일하게 만든 부속품과 펄을 붙인다. 더스팅 펄파우더를 붓으로 전체에 바른다.

부채

재료

기본 쿠키 → 시판 쿠키 커터
웨이퍼 페이퍼(식용종이)
펄 → p. 32
새틴 리본(핑크)
※ 리본은 미리 만들어 둔다

아이싱

아웃라인(BR+BL 소량) / 중간
베이스(BR+BL 소량) / 묽음
무늬, 부채대, 부속품 접착(WH) /
중간

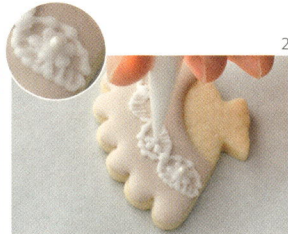
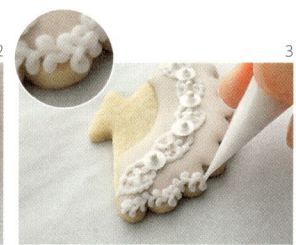

1. 부채 모양대로 아웃라인을 그리고 베이스를 채운다. 마르면 물방울선과 지그재그선으로 곡선을 그리고 마르기 전에 붓으로 끌어당긴다.

2. 1의 곡선 안에 물방울 6개와 꽃을 짜고 마르기 전에 꽃 중앙에 펄을 올려 붙인다.

3. '케이크'의 2~3과 동일하게 만든 부속품을 1의 선이 교차하는 부분에 붙인다. 부채 맨 위에 아이싱을 따라 8자 모양의 선을 그린다.

4. 점+직선으로 부채대를 그린다. 마르면 새틴 리본을 붙인다.

지그재그선만
붓으로 끌어당긴다

물방울선

향수병

재료

기본 쿠키 → 형지 p. 142
웨이퍼 페이퍼(식용종이)
펄 → p. 32
설탕
더스팅 펄파우더 → p. 32

아이싱

아웃라인(WH) / 중간
베이스(WH) / 묽음
무늬, 펄 접착(WH) / 중간

설탕 반죽

병(WH)

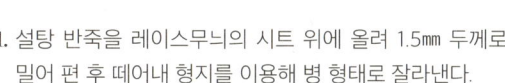

1. 설탕 반죽을 레이스무늬의 시트 위에 올려 1.5mm 두께로 밀어 편 후 떼어내 형지를 이용해 병 형태로 잘라낸다.

2. 뚜껑 부분은 둥근 아웃라인을 그리고 베이스를 채워 말린다. 1의 병 형태로 자른 설탕 반죽에 알코올을 발라 쿠키에 붙인다.

3. 뚜껑 아랫부분에 아웃라인을 그리고 베이스를 채운 후 설탕을 뿌린다. 마르면 여분의 설탕을 붓으로 털어낸다.

4. '케이크'의 2~3과 동일하게 만든 부속품을 병에 붙인다. 뚜껑에 무늬를 그리고 펄을 붙인다. 더스팅 펄파우더를 붓으로 전체에 바른다.

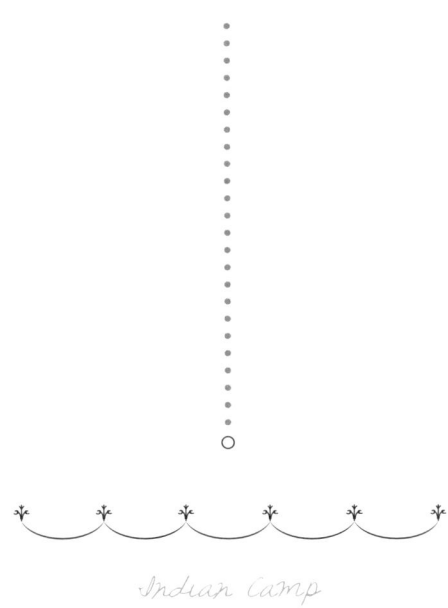

Indian camp

인디언 캠프

장식한 텐트와 캠핑카,
인디언풍으로 꾸민 곰인형,
지금부터 즐거운 캠프를 시작합니다.
꽃 커터로 다육식물도 만들어봅시다!

그루터기

재료

기본 쿠키 → 시판 쿠키 커터

아이싱

아웃라인(BR 많이) / 중간

바깥쪽 베이스, 나이테(BR 많이) /

묽음

안쪽 베이스(BR) / 묽음

부속품 접착, 점(BR 소량, VI+BL) /

중간

설탕 반죽

다육식물(KG+BR)

짙은 꽃(VI+BL)

옅은 꽃(VI 소량+BL 소량)

8과 9에서 부속품을 올릴 때 시작점에 놓는다.

1. 쿠키에 사진과 같이 매끈하지 않은 선 2줄을 그리고 선과 선 사이에 바깥쪽 베이스를 채운다.

2. 마르기 전에 안쪽 베이스를 채운다. 여기에 매끈하지 않은 선으로 나이테를 그린다. 나이테 선은 항상 동일한 위치에서 시작한다.

3. 1.5mm 두께의 색을 들인 설탕 반죽을 마가렛틀로 찍고 끝이 가는 세공 스틱으로 꽃잎에 움푹 팬 골을 만든다.

4. 3을 2장 만들고 1장은 사진과 같이 접는다.

5. 한 번 더 화살표 방향으로 접고 꽃잎 밑동을 손가락으로 집는다.

6. 꽃잎이 입체적으로 보이게 세공 스틱으로 모양을 다듬는다.

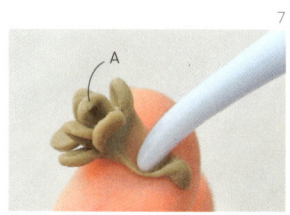

7. 손가락으로 집은 꽃잎 밑동의 여분 부분을 세공 스틱으로 잘라낸다.

8. 다른 1장의 꽃 위에 7을 겹쳐 쿠키에 붙인다. 다육식물로 보이게 모양을 다듬는다.

9. 두 가지 색의 설탕 반죽으로 p. 25의 공정 1~3과 동일하게 꽃(소) 3장을 만들어 쿠키에 붙이고 꽃 중앙에 점을 짠다.

인디언 곰인형

재료

기본 쿠키 → 형지 p. 143

아이싱

아웃라인(BR) / 중간

입 주변 외의 베이스(BR) / 묽음

양쪽 다리, 입 주변 베이스(WH) / 묽음

눈, 코, 입(VI+BL) / 중간

히피밴드(BR 소량, RE, RB) / 중간

스티치, 부속품 접착(BR 소량) / 중간

점으로 만든 초커(RB, VI+BL 소량) / 중간

점으로 만든 목걸이(BR, VI+BL) / 중간

깃털 펜던트(WH) / 중간

설탕 반죽

깃털 장식(WH, BR, VI+BL 소량)

1. 사진과 같이 아웃라인을 그리고 귀와 몸통의 베이스를 채운다.

2. 마르면 입 주변만 남기고 나머지 베이스를 채운다. 마르기 전에 양쪽 다리의 흰 부분을 짜고 입 주변의 베이스를 채운다.

3. 설탕 반죽을 소량 손에 덜어 세 가지 색상으로 물들이고 손으로 조금씩 섞어 깃털틀에 채워 빼낸다. 이것을 2개 만든다.

4. 몸통과 다리의 스티치, 눈, 코, 입, 히피밴드의 선을 그리고 3의 깃털 장식을 아이싱으로 붙인다.

5. 히피밴드 장식의 선, 초커의 점을 각각 두 가지 색상으로 번갈아 가며 짠다.

6. 목걸이의 점을 두 가지 색상으로 번갈아가며 짜고 V자로 자른 짤 주머니로 잎을 짜는 요령대로 주름을 잡아가며 펜던트의 깃털 2개를 짠다.

캠핑카

재료

기본 쿠키 → 형지 p. 143

아이싱

윗부분 아웃라인(WH) / 중간

색의 경계, 아랫부분 아웃라인
(BR 소량) / 중간

윗부분 베이스(WH) / 묽음

아랫부분 베이스(BR 소량) / 묽음

경계, 문의 선(BR 소량) / 중간

무늬, 술 장식, 점, 부속품 접착
(VI+BL 소량. BR 소량, BR) / 중간

설탕 반죽

바퀴(BR, VI+BL 소량)

다육식물(KG+BR)

짙은 꽃(VI+BL)

옅은 꽃(VI 소량+BL 소량)

1. 차의 윗부분과 아랫부분의 아웃라인을 그리고 베이스를 채운다. 마르면 경계와 문에 선을 그린다.

2. 1.5mm 두께의 색을 들인 설탕 반죽을 원형 커터로 찍어 알코올을 바르고 차바퀴 부분에 붙인다.

3. 지그재그선, 마름모꼴, 점을 섞어 차 몸통에 무늬를 그린다.

4. 1.5mm 두께의 색을 들인 설탕 반죽을 작은 원형틀로 찍어 내고 알코올을 바른 다음 바퀴 부분에 붙인 후 마름모꼴로 무늬를 그린다.

5. 4에 점을 짠다. 지붕에 비스듬하게 곡선을 그리고 곡선에서 짧은 선을 3개씩 내뻗친 모양으로 술을 표현한다.

6. '그루터기' 3~9와 동일하게 꽃과 다육식물(공정 7의 A만)을 붙이고 꽃 중앙에 점을 짠다.

텐트

재료
기본 쿠키 → 형지 p. 143
아이싱
안쪽 아웃라인(WH) / 중간
안쪽 베이스(WH) / 묽음
커튼 아웃라인(VI+BL 소량) / 중간
커튼 베이스(VI+BL 소량) / 묽음
커튼 레이스(WH) / 중간
리본, 점(BR 소량, VI+BL) / 중간
버팀대(BR) / 중간
설탕 반죽
다육식물(KG+BR)
짙은 꽃(VI+BL)
옅은 꽃(VI 소량+BL 소량)

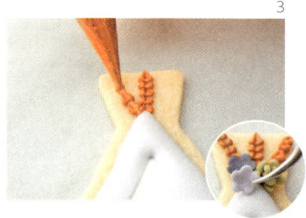

1. 텐트 안쪽 아웃라인을 그리고 베이스를 채운다. 마르면 그 위에 커튼 형태로 아웃라인을 그린다.

2. 커튼 베이스를 채우고 마르면 리본을 그린다. V자로 자른 짤주머니로 사진처럼 물방울을 하나하나 짜서 커튼 레이스를 표현한다.

3. V자로 자른 짤주머니로 물방울 선을 짜서 나무 버팀대를 만든다. '그루터기' 3~9와 동일하게 꽃과 과육식물(공정 7의 A만)을 붙이고 꽃 중앙에 점을 짠다.

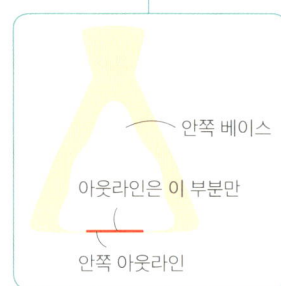

안쪽 베이스

아웃라인은 이 부분만

안쪽 아웃라인

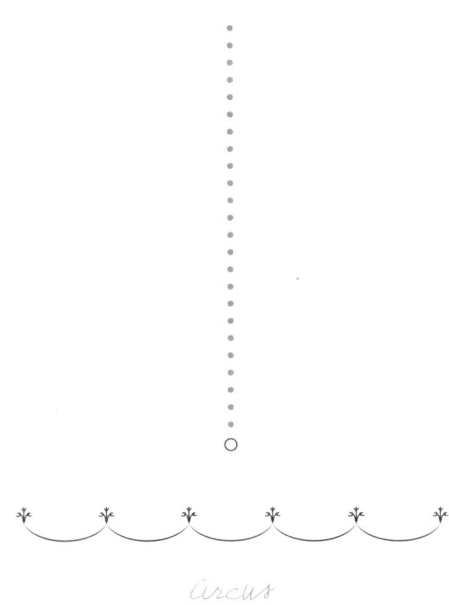

circus

서커스

마을에 온 서커스 텐트.
표를 구입해서 입장해보았더니
귀여운 코끼리들이 맞아주네요.
코끼리 발판에는 좋아하는 과자를 넣어보세요.

Arcus

서커스 텐트

재료
기본 쿠키 → 형지 p. 143
아라잔(실버) → p. 32
더스팅 펄파우더 → p. 32

아이싱
커튼 아웃라인, 커튼 무늬(VI+BL 소량) /
중간
커튼 베이스(VI+BL 소량) / 묽음
입구, 지붕 아웃라인(RE+BL 소량) / 중간
지붕 베이스(RE+BL 소량) / 묽음
텐트 토대 아웃라인(GY+LY+BR 소량) /
중간
텐트 토대 베이스(GY+LY+BR 소량) / 묽음
텐트 장식, 무늬, 부속품 접착(VI+BL
소량, RE+BL 소량) / 중간

설탕 반죽
장식 부속품(GY+LY 소량+BR 소량, VI 많
이+BL 소량, WH)
원(VI 많이+BL 소량)

커튼 아웃라인

커튼
베이스

아웃라인 없음

1. 커튼 아웃라인을 그리고 베이스를 채운다. 마르면 그 위에 겹쳐
지게 입구, 지붕과 토대의 아웃라인을 그리고 베이스를 채워 말
린다.

2. 커튼에 작은 곡선을 그린다. 지붕에 직선 2개와 리본, 물방울 꽃
을 그리고 아라잔을 붙인 후 C자와 물방울을 섞어 무늬를 그린다.

3. 색을 들인 설탕 반죽으로 p. 49 '케이크'의 공정 5와 동일하게
B를 6개, C를 2개 만든다. 1.5mm 두께로 밀어 편 반죽을 원형 커
터로 2개 찍어 보라색 B를 2개씩 붙인다.

4. 3의 C를 지붕 좌우에 붙이고 장식 무늬를 그린다. 커튼에 나머
지 B를 붙인다.

5. 토대에 지그재그선, 8자선을 그린다. 3의 C를 붙인 원을 바퀴에
맞춰 붙인다.

6. 마르면 붓으로 부속품에 더스팅 펄파우더를 바른다.

코끼리와 발판

재료

기본 쿠키 → 형지 p. 143
더스팅 펄파우더 → p. 32
넌파레일스(원하는 색상) → p. 32
아라잔(실버) → p. 32

아이싱

발판 베이스(GY+LY+BR 소량) / 묽음
발판 무늬, 부속품 접착(VI 많이
+BL 소량) / 중간
코끼리 아웃라인(VI+BL 소량) / 중간
코끼리 베이스(VI+BL 소량) / 묽음
코끼리 등 무늬(VI+BL 소량) / 중간
코끼리 머리, 발 무늬, 부속품 접
착(WH) / 중간
받침과 코끼리 접착(GY+LY 소량
+BR 소량) / 단단

그림 그리기

코끼리 눈(BL)

설탕 반죽

바퀴(VI 많이+BL 소량)
별(RE+BL 소량)
꽃(WH, VI+BL 소량)
장식 부속품(GY+LY 소량+BR 소량)

1. 색을 들인 설탕 반죽(두께 1.5㎜)을 크기가 다른 원형 커터(하나는 쿠키와 같은 크기)로 찍어 만들어진 고리를 알코올로 쿠키에 붙인다.

2. 1의 고리 안에 베이스를 채운다. 마르면 색을 들인 설탕 반죽을 p. 49 '케이크' 공정 5와 동일하게 B를 8개 만들어 그중 4개를 바깥쪽에 붙인다.

3. 미리 1과 동일한 틀로 구멍 뚫린 쿠키 2개, 구멍 안 뚫린 쿠키 1개를 만들어 두고 사진과 같이 아이싱으로 붙인다.

> 구멍 뚫은 쿠키를 1장 더 붙이면 p. 82의 사진과 같이 높은 발판을 만들 수 있다.

4. 2에서 만든 B 나머지를 3 바깥쪽에 붙이고 물방울선으로 새끼줄무늬를 B 사이를 연결하듯이 비스듬하게 짜준다.

5. 마르면 붓으로 발판의 뚜껑 부분, 장식 부속품, 새끼줄무늬에 더스팅 펄파우더를 바른다.

6. 코끼리 형태의 아웃라인을 그리고 베이스를 채운다. 마르면 1.5㎜ 두께의 색을 들인 설탕 반죽을 별 모양으로 찍어 코끼리 등에 붙인다.

 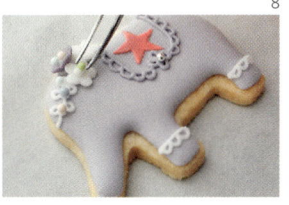 

7. 별 아래에 꽃무늬를 그리고 중앙에 아라잔을 붙인다. 별을 둘러
   싸듯 선+작은 곡선을 그린다. 코끼리 다리에도 직선+작은 곡선
   을 그린다.

8. 코끼리 머리에 8자선을 그린다. 두 가지 색상의 설탕 반죽으로
   p. 25 공정 1~3과 동일하게 꽃(소)을 3장 만들어 붙이고 꽃 중앙
   과 8자선에 넌파레일스를 붙인다.

9. 이쑤시개에 소량의 식용색소를 묻혀 코끼리 눈을 그린다.

10. 마르면 발판 뚜껑 코끼리를 세울 부분에 바늘로 표시를 한다.

11. 별 모양 깍지를 사용해 10의 위치에 원을 그리듯이 동그랗게
    아이싱을 짠다.

12. 11이 마르기 전에 코끼리를 수직으로 세운다. 마를 때까지 흔
    들리지 않게 먼저 말리는 장소로 옮긴 후 코끼리를 세운다.

코끼리 발판에는 좋아하
는 쿠키나 메시지 등을
넣을 수 있어요!

서커스 보드

재료
기본 쿠키 → 틀 p. 141
아이싱
아웃라인(BL) / 중간
베이스(BL) / 묽음
프레임(GY+LY 소량+BR 소량) / 묽음
그림 그리기
문자(SW)

1. 물결 모양의 아웃라인을 그리고 베이스를 채운다. 마르면 별 모양 깍지를 사용해 C자를 그리듯이 해 프레임을 짜준다.

2. 마르면 바늘로 밑글씨를 쓰고 식용색소를 묻힌 붓으로 그 위에 따라 쓴다.

표

재료
기본 쿠키 → 형지 p. 143
아이싱
아웃라인(GY+LY+BR 소량) / 중간
베이스(GY+LY+BR 소량) / 묽음
무늬, 숫자(RE+BL 소량) / 중간
문자, 부속품 접착(VI+BL 소량) / 중간
설탕 반죽
별(VI+BL 소량)

1. 표 모양으로 아웃라인을 그리고 베이스를 채운다. 마르면 사진과 같이 무늬, 곡선, 리본, 숫자를 그린다.

2. 글자를 쓰고 1.5㎜ 두께의 색을 들인 설탕 반죽을 별 형태로 찍어 내 글자 아래에 붙인다.

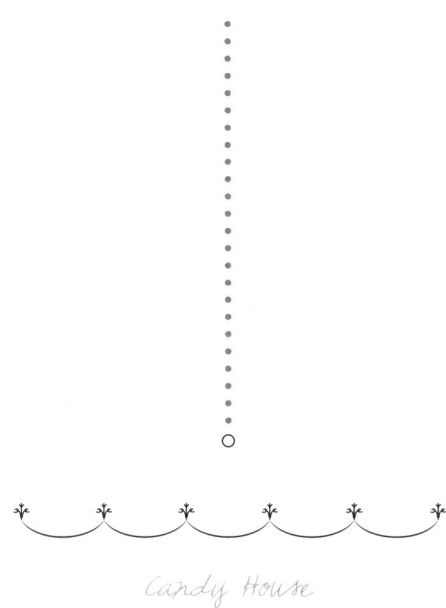

Candy House

과자의 집

달달한 향기에 이끌려 숲 깊숙이 들어가니
동화 같은 과자집이 있었습니다.
어느 방향에서 보아도 귀여운 이 집은
6장의 쿠키를 세워 만듭니다.

부속품A

재료

기본 쿠키 → 형지 p. 143

펄 → p. 32

모스쿠키 → p. 140

아이싱

집 아웃라인(RE+OR+BL 소량) / 중간

집 베이스(RE+OR+BL 소량) / 묽음

집, 창문 무늬(WH) / 중간

집 무늬 베이스(WH) / 묽음

화분 아웃라인(LG+BR 소량) / 중간

화분 베이스(LG+BR 소량) / 묽음

나무줄기(BR) / 묽음

나뭇잎 점(LG+BR 소량) / 묽음

설탕 반죽

창문(WH)

1. 오각형의 아웃라인을 그리고 베이스를 채운 후 마르면 창문 모양으로 자른 설탕 반죽(1.5㎜ 두께)에 알코올을 발라 붙인다. 사진과 같이 지붕과 문에 무늬를 그린다.

2. 문 좌우의 화분 아웃라인을 그린다.

3. 화분 베이스와 1에서 그린 지붕의 선에 베이스를 채운다.

4. 마르면 지붕의 선에 물방울을 2개씩 짜면서 무늬를 연결해서 그린다.

5. 문 주위에 점을 빈틈없이 짜고 문손잡이 부분에는 펄을 붙인다.

6. 마르면 화분에서 나오는 굵은 나무줄기를 그린다.

7. 무늬를 그린 상태.

8. 마르면 나무줄기 위에 큰 점을 짜고 마르기 전에 만들어놓은 모스쿠키(p. 140)를 뿌린다.

9. 여분의 모스쿠키를 붓으로 털어낸다.

부속품B

재료

기본 쿠키 → 형지 p. 143

펄 → p. 32

아이싱

집 아웃라인(LG+BR 소량) / 중간

집 베이스(LG+BR 소량) / 묽음

기둥 아웃라인, 기둥 무늬(WH) / 중간

기둥 베이스(WH) / 묽음

집 무늬(GY+LY+BR 소량) / 중간

1. 오각형의 아웃라인을 그리고 베이스를 채운다. 마르면 기둥 아웃라인을 그리고 베이스를 채운다. 마르면 기둥에 직선을 3개씩 내려 그린다.

2. 기둥 위에 동그랗게 고리를 그린다. 물방울, 리본을 그린 후 펄을 붙인다.

3. 2의 물방울에서 좌우로 선을 연결해 물방울 꽃을 그리고 중앙에 펄을 붙인다. 선을 따라 물방울 모양을 그린다. 꽃 아래에 길고 가는 삼각형무늬를 그린다.

부속품C

재료

기본 쿠키 → 형지 p. 143

넌파레일스(원하는 색상) → p. 32

아이싱

중간 아웃라인(RE+OR+BL 소량) / 중간

중간 베이스(WH, RE+OR+BL 소량) / 묽음

커튼 아웃라인(VI+BL 소량) / 중간

커튼 베이스(VI+BL 소량) / 묽음

커튼, 쇼케이스 무늬(VI+BL 소량, GY+LY+BR 소량) / 중간

선물상자 베이스(VI, LG 소량, SB) / 묽음

선물상자 리본(VI+BL 소량) / 중간

중앙과 오른쪽 케이크 베이스(RO, LG 소량) / 묽음

중앙과 오른쪽 케이크 토대(WH) / 묽음

중앙 케이크 스탠드 무늬(GY+LY+BR 소량) / 중간

중앙 케이크 잎(LG 소량) / 묽음

중앙 케이크 선(RE+OR+BR 소량) / 중간

오른쪽 케이크 무늬(BR) / 중간

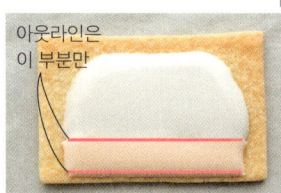 

1. 사진과 같이 아웃라인을 그리고 두 가지 색상의 베이스를 채운다.

2. 마르면 커튼 아웃라인을 그리고 베이스를 채운다.

3. 마르면 쇼케이스의 무늬를 그리고 커튼 고정 리본무늬를 그린다.

4. 커튼 윗부분은 큰 곡선과 작은 곡선으로 무늬를 그린다.

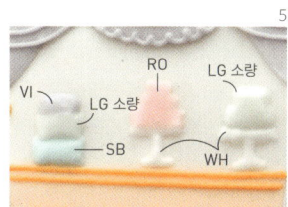

5. 쇼케이스 위에 베이스 아이싱으로 선물상자, 케이크, 케이크 스탠드를 그린다.

6. 마르면 선물상자의 리본을 그리고 넌파레일스를 붙인다. 나머지 케이크와 스탠드도 그리고 넌파레일스를 붙인다.

부속품D

재료
기본 쿠키 → 형지 p. 143
넌파레일스 → p. 32

아이싱
집 아웃라인(RE+OR+BL 소량) / 중간
집 베이스(RE+OR+BL 소량) / 묽음
기둥, 창문 아웃라인(WH) / 중간
기둥, 창문 베이스(WH) / 묽음
기둥 무늬(WH) / 중간
과자 스탠드(WH, VI) / 중간
과자(RE, RB, VI, LG, WH) / 묽음

설탕 반죽
창문(WH)

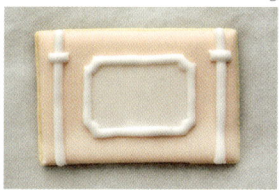

1. 설탕 반죽(두께 1.5㎜)을 직사각형으로 자르고 네 모서리를 작은 원형 커터로 찍어 낸다.

2. 쿠키에 직사각형으로 아웃라인을 그리고 베이스를 채운 후 마르면 1의 뒷면에 알코올을 발라 베이스 위에 붙인다. 기둥과 창문의 아웃라인을 그리고 베이스를 채운다.

3. 기둥과 교차하도록 가로로 긴 사각형의 아웃라인을 그리고 베이스를 채운다.

4. 마르면 창문 아래에 8자선을 그리고 창문과 기둥에 무늬를 그린다.

5. 창문 안에 과자 스탠드를 그린다.

6. 5의 과자 스탠드 위에 과자를 그리고 넌파레일스를 붙인다.

부속품E

재료
기본 쿠키 → 형지 p. 143
펄 → p. 32
설탕 반죽
지붕(WH)

p. 26의 공정 1~4와 동일하게 문양 틀로 눌러놓은 설탕 반죽을 쿠키에 붙이고 무늬가 교차하는 부분에 펄을 붙인다. 동일하게 2개 만든다.

조립하기

재료
부속품A~E → p. 91~94
각설탕
아이싱
부속품 접착, 물방울선(WH) / 중간
설탕 반죽
리본(VI)

필요한 부속품

부속품A~E와 각설탕을 4개 준비한다.

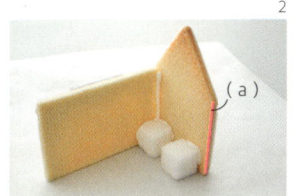

1. A 뒷면에 아이싱을 짜고 각설탕 2개를 붙인다. 쿠키 모서리에서 안쪽으로 조금 띄우고 붙이는 것이 포인트.

2. 1에서 조금 띄운 틈(a)에 아이싱을 짜고 D를 붙인다.

3. B, C도 동일하게 붙인다. 안쪽의 서로 맞붙는 부분을 튼튼하게 하기 위해 그 위에 다시 아이싱을 짠다.

4. 같은 방법으로 지붕 부속품E를 붙인다.

5. 부속품과 부속품 틈에 V자 모양으로 자른 짤주머니로 물방울선을 그린다. 지붕의 틈에는 크게 자른 짤주머니로 그린다.

6. p. 24의 공정 1~9와 동일하게 리본을 만들어 지붕에 붙인다.

캘린더 쿠키를 만들어보아요

칸을 그려 캘린더 느낌으로 디자인했습니다
특별한 날짜를 써서 선물하는 것도 좋을 듯하네요

1

2

3

1.

두 가지 색상의 베이스를 사용해 쿠키 안쪽을 캘린더, 바깥쪽을 프레임으로 디자인한 쿠키. 꽃은 둥근 선을 겹쳐 그리고 그 위에 점을 짰습니다.

2.

2월 14일 밸런타인데이에 맞춰 만들면 좋은 쿠키. 사랑을 담은 메시지와 미니 하트의 스프링클(p. 32)을 가득 붙여 사랑스럽게 꾸며요.

3.

틀로 찍어 낸 나무 블록이나 아이싱으로 그린 인형, 악기를 모티브로 한 쿠키. 출산이나 생일 날짜를 하트 속에 담아요.

가족이나 친구 생일에는 생일케이크와 선물 상자를 건네보세요.
밸런타인데이의 러브레터에는 깜짝 놀랄 무언가가 들어 있어요!
기념일이나 계절 이벤트의 분위기를 띄워줄 아이디어가 듬뿍 담긴 쿠키입니다.

두근거리는 마음을 전해요!

선물용 쿠키

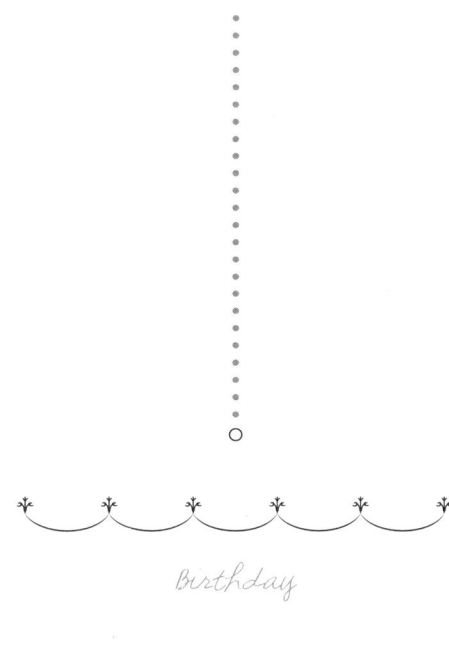

생일

곰과 토끼를 올린 생일케이크와
컬러풀한 선물상자, 풍선이 세트입니다.
모두 파스텔 색조로 통일해 동화스러운 분위기를 냈어요.
케이크에 올리는 리본도 무지개 색상으로 만들어요.

생일케이크

재료

기본 쿠키 → 시판 쿠키 커터

넌파레일스(원하는 색상) → p. 32

큰 입자의 스프링클(레드) → p. 32

아이싱

아웃라인, 부속품 접착(WH) / 중간

베이스(WH) / 묽음

깃대(VI+BL 소량) / 중간

깃대와 케이크 무늬(WH) / 중간

지그재그선(KG) / 중간

곰(BR) / 중간

토끼(PI+BR 소량) / 중간

글자(RB+BR 소량) / 중간

설탕 반죽

리본(VI, RB, KG, LY, OR, RE)

1. 플래카드와 케이크 형태의 아웃라인을 그리고 베이스를 채운다. 깃대를 그리고 마르면 깃대와 케이크에 무늬(곡선과 물방울 형태)를 그린다.

2. 케이크 아래위에 지그재그선을 그리고 마르기 전에 넌파레일스를 올려 붙인다.

3. 깃대 위에 구슬 모양 스프링클을 붙인다.

4. 깃대와 케이크 사이에 점과 물방울로 곰과 토끼를 그린다.

5. 플래카드 위에 생일 축하 메시지를 쓴다.

6. 색을 들인 설탕 반죽으로 p. 24의 공정 1~9와 동일하게 리본을 만들어(아래 참조) 쿠키에 붙인다.

Point

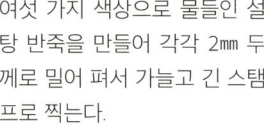

여섯 가지 색상으로 물들인 설탕 반죽을 만들어 각각 2mm 두께로 밀어 펴서 가늘고 긴 스탬프로 찍는다.

색을 순서대로 나열해 다시 1.5mm 두께로 밀어 편다. 비스듬한 스트라이프가 되도록 리본 커터를 비스듬하게 찍는다.

선물상자

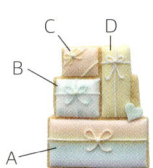

재료

기본 쿠키 → 형지 p. 142
넌파레일스(원하는 색상) → p. 32

아이싱

A 아웃라인(WH) / 중간
A 베이스(VI+BR 소량, RB+BR
소량, KG+BR 소량, LY+BR 소량,
OR+BR 소량, RE+BR 소량) / 묽음
A 리본무늬(LY+BR 소량) / 중간
B 아웃라인(WH) / 중간
B 베이스(WH) / 묽음

B 점무늬(RB+BR 소량) / 묽음
B 리본무늬(RB+BR 소량) / 중간
C 아웃라인(RE+BR 소량) / 중간
C 베이스(RE+BR 소량) / 묽음
C 리본무늬(RE+BR 소량) / 중간
D 아웃라인(LY+BR 소량) / 중간
D 베이스(LY+BR 소량) / 묽음
D 리본무늬(VI 소량) / 중간

설탕 반죽

하트(KG)

 →

A의 직사각형을 가로로 6등분하는 아웃라인을 그리고 베이스를 채운다. B~D의 아웃라인을 그리고 베이스를 채운 다음 B에 점무늬를 넣는다. 마르면 리본무늬를 그리고 넌파레일스를 붙인다. 설탕 반죽(두께 1.5㎜)을 하트 커터로 찍어 D 아래에 붙인다.

풍선

재료

기본 쿠키 → 형지 p. 143
새틴 리본(원하는 색상)
※ 미리 만들어 둔다

아이싱

아웃라인, 부속품 접착(VI+BL 소량) / 중간
베이스(VI+BL 소량) / 묽음
풍선 무늬(WH) / 묽음

풍선 형태로 아웃라인을 그리고 베이스를 채운다. 마르기 전에 풍선 무늬를 그린다. 마르면 새틴 리본을 붙인다.

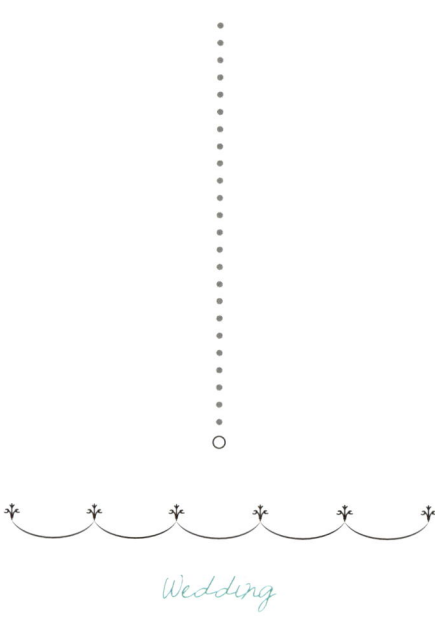

Wedding

웨딩

소중한 사람의 새로운 시작을 축하하는 선물로
아주 딱 어울리는 아이템을 모아봤습니다.
모두 순백의 아이싱과 설탕 반죽으로 통일했어요.
목걸이의 프릴은 장미 모양 깍지를 사용합니다.

목걸이

재료

기본 쿠키 → 시판 쿠키 커터

펄 → p. 32

아라잔(실버) → p. 32

아이싱

아웃라인(WH) / 중간

베이스(WH) / 묽음

무늬, 부속품 접착(WH) / 중간

설탕 반죽

리본(WH)

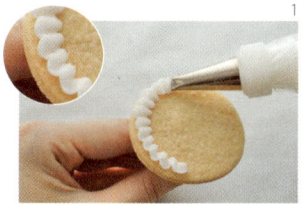

1. 장미 모양 깍지의 두꺼운 부분이 안을 향하게 잡고 쿠키에 작은 곡선을 그리듯 모양 깍지를 아래위로 움직여 프릴 모양으로 한 바퀴 짠다.

2. 마르기 전에 납작한 붓에 알코올을 묻혀 1의 곡선을 화살표 방향을 향해 늘려준다.

3. 쿠키보다 한 사이즈 작은 원형 커터로 살짝 눌러 표시를 한다.

4. 3의 표시를 따라 아웃라인을 그리고 베이스를 채운다. 마르면 중앙보다 조금 아래에 펄과 아라잔을 붙이고 곡선 모양의 체인을 그린다.

5. 마르기 전에 체인 연결 부분에 아라잔을 붙인다.

6. 아웃라인 위에 물방울선을 그리고 p. 24의 공정 1~9와 동일하게 리본을 만들어 쿠키에 붙인다.

클러치백

재료

기본 쿠키 → 형지 p. 143

펄 → p. 32

아라잔(실버) → p. 32

설탕

아이싱

아웃라인(WH) / 중간

베이스(WH) / 묽음

점, 부속품 접착(WH) / 중간

1. 가방 형태로 아웃라인을 그리고 베이스를 채운다. 마르면 가방 입구 부분에 펄과 아라잔을 붙이고 가방 전체에 큰 점을 그린다.

2. 점이 마르기 전에 설탕을 뿌려 말린다. 여분의 설탕을 붓으로 털어낸다.

드레스

재료
기본 쿠키 → 형지 p. 143
아라잔(실버) → p. 32
아이싱
아웃라인(WH) / 중간
베이스(WH) / 묽음
무늬, 부속품 접착(WH) / 중간
설탕 반죽
꽃(WH)

1. 드레스 형태의 아웃라인을 그리고 베이스를 채운다. 마르면 A 위치에서 자연스럽게 떨어지는 선을 그린다. 먼저 밖과 중앙의 선을 그리고 나중에 그 사이를 그린다.

2. p. 25 공정 1~9 동일하게 꽃(대) 2장으로 만든 꽃을 붙인다. 허리 라인에 두꺼운 선을 그리고 아라잔을 2열로 붙인다.

3. 가슴에 지그재그선을 그린다.

하트

재료
기본 쿠키 → 시판 쿠키 커터
아라잔(실버) → p. 32
아이싱
아웃라인(WH) / 중간
베이스(WH) / 묽음
글자, 부속품 접착(WH) / 중간
설탕 반죽
꽃(WH)

1. 하트 형태의 아웃라인을 그리고 베이스를 채운다. 마르면 필기체로 'L'을 쓰고 이어서 그대로 무늬를 한 번에 그린다.

2. 'ove' 글자를 쓰고 아웃라인에 따라 점을 한 바퀴 짠다.

3. p. 25의 1~9와 동일하게 꽃(대) 2를 만들어 붙인다.

케이크

재료
기본 쿠키 → 형지 p. 143
아이싱
아웃라인(WH) / 중간
베이스(WH) / 묽음
무늬, 부속품 접착(WH) / 중간
설탕 반죽
브로치(WH)

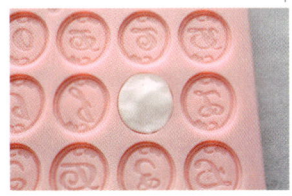

1. 알파벳 브로치틀(p. 141)에 설탕 반죽을 채워 모양을 만들어 뺀다.

2. 케이크 형태의 아웃라인을 그리고 베이스를 채운다. 마르면 1을 붙이고 둘레에 점을 짠다.

3. 브로치 좌우로 곡선을 2개 그리고 곡선이 꺾어지는 지점에 직선을 그린다. 브로치 아래에 직선 3개, 케이크 윗부분에 직선 5개를 그린다.

물방울선

4. 3의 직선 좌우와 곡선에 V자로 자른 짤주머니로 흔들면서 비스듬하게 잎을 그린다.

5. 2단보다 조금 위에 곡선을 2개 마주 보게 그린다. 케이크 가장 아래에 V자로 자른 짤주머니로 물방울선을 그린다.

6. 2단과 1단 위에 물방울선을 그린다.

꽃

재료
기본 쿠키 → 틀 p. 141
아라잔(실버) → p. 32
아이싱
아웃라인, 부속품 접착(WH) / 중간
베이스(WH) / 묽음
설탕 반죽
꽃(WH)

꽃 형태로 아웃라인을 그리고 베이스를 채운다. p. 25 공정 1~9와 동일하게 꽃(특대)을 만들어 붙인다.

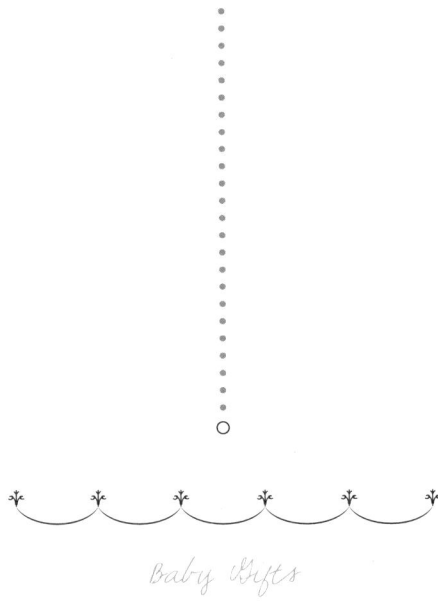

Baby Gifts

출산 축하선물

위아래가 붙은 귀여운 롬퍼스, 티아라, 왕관은
공주님과 왕자님의 이미지를 담았습니다.
여자아기는 소매의 아웃라인을 봉긋하게 부풀려줍니다.

롬퍼스
(여아용)

재료
기본 쿠키 → 시판 쿠키 커터
펄 → p. 32

아이싱
롬퍼스 아웃라인(RE+BR+OR) / 중간
롬퍼스 베이스(RE+BR+OR) / 묽음
목덜미 아웃라인(WH) / 중간
목덜미 베이스(WH) / 묽음
무늬(RE+BR+OR) / 중간
부속품 접착(WH) / 중간

설탕 반죽
꽃(WH)

1. 사진과 같이 아웃라인을 그리고 소매를 제외한 나머지에 베이스를 채운다.

2. 마르면 소매 베이스를 채운다. 목덜미 아웃라인(곡선만)을 그리고 베이스를 채운다.

3. 목걸이를 점으로 짜고 펄을 올려 붙인다. 점은 3~5개씩 짜고 마르기 전에 펄을 올린다.

4. p. 45 '드레스' 공정 3과 동일하게 꽃 커터(소)로 꽃을 10개 정도 만들어 롬퍼스의 허리에 균형 있게 붙인다.

5. 롬퍼스 다리 부분에 스티치무늬를 그리고 소매에는 지그재그선을 그린다.

티아라

재료

기본 쿠키 → 형지 p. 143
설탕
펄 → p. 32
더스팅 펄파우더 → p. 32

아이싱

아웃라인(WH) / 중간
베이스(WH) / 묽음
무늬, 부속품 접착(WH) / 중간

1. 티아라 형태로 아웃라인을 그리고 아랫부분에 베이스를 채운다. 마르면 윗부분 베이스를 채우고 설탕을 뿌려 말린다.

2. 여분의 설탕을 붓으로 털어내고 사진 A부터 아랫부분에 가는 8자선을 그린다. 먼저 그린 선에 겹쳐가며 A부터 아래가 채워지도록 선을 그린다.

3. 2 위의 공간에 큰 8자선을 그린다. 그 위에 티아라의 아웃라인을 따라 큰 곡선과 물방울선의 무늬를 그린다.

무늬 확대

4. 4개의 마름모꼴 위에 다이아몬드무늬를 그린다.

5. 가장 위에 있는 마름모꼴에도 다이아몬드무늬를 그리고 각각 다이아몬드 위아래에 펄을 붙인다.

6. 마르면 전체에 더스팅 펄파우더를 바른다.

롬퍼스
(남아용)

재료

기본 쿠키 → 시판 쿠키 커터

펄 → p. 32

아이싱

롬퍼스 아웃라인(RB+BR 소량) / 중간

롬퍼스 베이스(RB+BR 소량) / 묽음

무늬 아웃라인(LY+GY+BR 소량) / 중간

무늬 베이스(LY+GY+BR 소량) / 묽음

무늬(LY+GY+BR 소량) / 중간

롬퍼스 무늬(RB+BR 소량) / 중간

1. 롬퍼스 형태로 아웃라인을 그리고 베이스를 채운다. 마르면 사진과 같이 목덜미, 가슴, 허리의 아웃라인과 A의 선을 그린다.

2. 1의 목덜미, 가슴, 허리의 베이스를 채운다.

3. 마르면 2 위에 선을 겹쳐 그린다.

4. 1에서 그린 A의 선 좌우에 물방울을 3개씩 그리고 어깨에 큰 곡선과 짧은 선으로 견장무늬를 그린다.

5. 마르기 전에 펄을 올려 붙인다.

6. 롬퍼스 다리 부분에 스티치무늬를 그리고 소매에는 직선을 그린다.

무늬 확대

왕관

재료
기본 쿠키 → 형지 p. 143
펄(대소) → p. 32
더스팅 펄파우더 → p. 32

아이싱
아웃라인(LY+GY+BR 소량) / 중간
베이스(LY+GY+BR 소량) / 묽음
무늬, 부속품 접착(LY+GY+BR 소량) / 중간

A의 아웃라인
A의 베이스
베이스①
베이스②

1. 왕관과 A 형태로 아웃라인을 그린다. 베이스 ①과 A의 베이스를 채우고 마르면 베이스 ②를 채운다. A 위에 작은 펄을 나열해 붙인다.

2. A의 아래에 큰 점, A 위에 물방울 3개를 그리고 큰 펄을 붙인다.

3. 점과 C자를 섞은 무늬를 그린다.

4. 직선과 점을 그린다. 마르면 전체에 더스팅 펄파우더를 붓으로 바른다.

별

재료
기본 쿠키 → 시판 쿠키 커터
아이싱
아웃라인(WH) / 중간
베이스(WH) / 묽음

별 형태로 아웃라인을 그리고 베이스를 채운다.

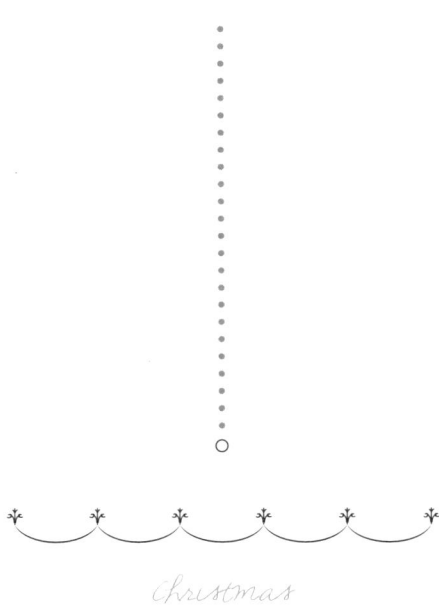

christmas

크리스마스

작은 쿠키로 만든 크리스마스 달력.
12월이 되면 매일 한 개씩 쿠키를 먹으며
두근두근 크리스마스를 손꼽아 기다립니다.

모자

재료
기본 쿠키 → 시판 쿠키 커터
설탕
펄 → p. 32

아이싱
아웃라인(VI) / 중간
베이스(VI) / 묽음
모자 장식(WH) / 묽음
부속품 접착(WH) / 중간
설탕 반죽
눈 결정(WH)

1. 모자 형태로 아웃라인을 그리고 베이스를 채운다. 마르면 붓으로 둥근 장식과 아랫부분을 채우고 설탕을 뿌린다.
2. 마르면 여분의 설탕을 붓으로 털어내고 눈 결정 모양으로 설탕 반죽을 틀에 채워 뺀 것과 펄을 붙인다.

토끼

재료
기본 쿠키 → 시판 쿠키 커터
미니 하트 → p. 32
넌파레일스 → p. 32
설탕
아이싱
아웃라인, 부속품 접착(WH) / 중간
베이스, 꼬리(WH) / 묽음
리본, 점(LY+GY+BR 소량) / 중간
눈, 코(VI, RE+BL 소량) / 중간

토끼 형태로 아웃라인을 그리고 베이스를 채운다. 마르면 귀에 미니 하트를 붙인다. 목에 리본과 점을 그리고 리본 매듭 부분에 넌파레일스를 붙인다. 눈과 코를 점으로 그린다. 꼬리를 그리고 마르기 전에 설탕을 뿌린다.

진저브레드 맨

재료
기본 쿠키 → 시판 쿠키 커터
넌파레일스(옐로) → p. 32

아이싱
아웃라인, 부속품 접착(BR) / 중간
베이스(BR) / 묽음
손발 무늬, 입(WH) / 묽음
눈(BL 소량) / 중간

1. 쿠키 형태를 따라 아웃라인을 그리고 베이스를 채운다. 마르기 전에 손발과 입을 그린다.
2. 마르면 단추 위치에 넌파레일스를 붙인다. 눈을 점으로 그린다.

하트

재료
기본 쿠키 → 시판 쿠키 커터
크리스마스 리프(열매) → p. 32
아이싱
아웃라인(RO+RE+BR 소량) / 중간
베이스(RO+RE+BR 소량) / 묽음
숫자, 부속품 접착(BL 소량) / 중간
설탕 반죽
잎(KG+BR 소량)

하트 형태로 아웃라인을 그리고 베이스를 채운다. 마르면 숫자를 그리고 색을 들인 설탕 반죽(두께 1.5㎜)을 잎틀로 찍어 내 붙인다. 크리스마스 리프 열매를 잎 중심에 붙인다.

컵케이크

재료
기본 쿠키 → 시판 쿠키 커터
구슬 모양 스프링클(레드) → p. 32

아이싱
컵 아웃라인, 무늬(BR) / 중간
컵 베이스(BR) / 묽음
컵 점무늬(RB+KG 소량) / 묽음
케이크 아웃라인(WH) / 중간
케이크 베이스(WH) / 묽음
케이크 무늬(BR) / 묽음
리본(LY+GY+BR 소량) / 묽음

1. 컵 형태로 아웃라인을 그리고 베이스를 채운 후 점을 그린다. 마르면 컵에 직선을 그린다. 케이크 형태로 아웃라인을 그리고 베이스를 채운 후 무늬를 그린다.
2. 케이크에 구슬 모양 스프링클을 붙이고 리본을 그린다.

양초

재료
기본 쿠키 → 시판 쿠키 커터
크리스마스 리프 → p. 32

아이싱
양초 아웃라인(OR+RE+BR 소량) / 중간
양초 베이스(OR+RE+BR 소량) / 묽음
불 아웃라인, 부속품 접착(WH) / 중간
불 베이스(WH) / 묽음
불 안의 무늬(RB+KG) / 묽음

1. 양초와 불 형태로 아웃라인을 그리고 베이스를 채운다. 마르기 전에 불 안의 무늬를 그린다.
2. 마르면 크리스마스 리프를 붙인다.

장갑

재료
기본 쿠키 → 시판 쿠키 커터
설탕

아이싱
아웃라인(RE+BL 소량) / 중간
베이스(RE+BL 소량) / 묽음
장갑 장식, 부속품 접착(WH) / 묽음

설탕 반죽
눈 결정(WH)

p. 121 '모자'와 동일하게 베이스를 채우고 마르면 붓으로 장갑 아랫부분을 채운 후 설탕을 뿌린다. 마르면 여분의 설탕을 붓으로 털어내고 눈 결정의 설탕 반죽을 붙인다.

곰

재료
기본 쿠키 → 시판 쿠키 커터
미니 하트 → p. 32

아이싱
아웃라인(BR) / 중간
입 주변 외의 베이스(BR) / 묽음
양쪽 다리 무늬, 입 주변 베이스(WH) / 묽음
눈, 코, 입(VI 소량+BL 소량) / 중간
스티치, 부속품 접착(WH) / 중간

p. 78 '인디언 곰인형'과 동일하게 (장식은 제외) 작업하고 목에 미니 하트를 붙인다.

사탕

재료
기본 쿠키 → 시판 쿠키 커터
넌파레일스(옐로) → p. 32

아이싱
아웃라인(KG+BR 소량) / 중간
베이스(KG+BR 소량) / 묽음
스트라이프무늬(WH) / 묽음
리본(RE+BL 소량) / 중간

사탕봉지 형태로 아웃라인을 그리고 베이스를 채운다. 마르기 전에 사선으로 선을 그린다. 마르면 리본을 그리고 넌파레일스를 붙인다.

눈 결정

재료
기본 쿠키 → 시판 쿠키 커터
펄 → p. 32

아이싱
아웃라인(WH) / 중간
베이스(WH) / 묽음
무늬, 부속품 접착(WH) / 중간

1. 쿠키 형태를 따라 아웃라인을 그리고 베이스를 채운다. 십자로 선을 그리고 선 끝에 물방울을 3개씩 짠다.
2. 1의 선과 선 사이에 물방울 형태의 선을 긋고 선에서부터 다이아몬드 무늬를 그린다. 중심에 큰 점을 짜고 펄을 여러 개 붙인다.

오너먼트1

재료
기본 쿠키 → 시판 쿠키 커터
넌파레일스(원하는 색상) → p. 32

아이싱
아웃라인(WH) / 중간
베이스(WH) / 묽음
무늬, 부속품 접착(KG+BR 소량) / 중간

설탕 반죽
트리(KG)

1. 아웃라인을 그리고 베이스를 채운다. 마르면 색을 들인 설탕 반죽(두께 1.5mm)을 트리틀로 찍어 내 알코올로 붙인다. 넌파레일스를 붙인다.
2. 아웃라인을 따라 8자를 쓴다.

선물

재료
기본 쿠키 → 시판 쿠키 커터
펄 → p. 32
아라잔(실버) → p. 32

아이싱
아웃라인(RE+BL 소량) / 중간
베이스(RE+BL 소량) / 묽음
리본무늬(VI) / 중간

사각형 아웃라인을 그리고 베이스를 채운다. 마르면 리본무늬를 그린다. 리본 매듭 부분에 펄과 아라잔을 붙인다.

편지

재료
기본 쿠키 → 시판 쿠키 커터

아이싱
아웃라인(WH) / 중간
베이스(WH) / 묽음
무늬(RE+BL 소량) / 중간

설탕 반죽
별(RB)

직사각형으로 아웃라인을 그리고 베이스를 채운다. 마르면 봉투 무늬를 그리고 색을 들인 설탕 반죽(두께 1.5mm)을 별 모양틀로 찍어 내 알코올로 붙인다.

벨

재료
기본 쿠키 → 시판 쿠키 커터
아라잔(실버) → p. 32
펄 → p. 32

아이싱
아웃라인(LY+GY+BR 소량) / 중간
베이스(LY+GY+BR 소량) / 묽음
무늬, 부속품 접착(WH) / 중간

쿠키 형태를 따라 아웃라인을 그리고 베이스를 채운다. 마르면 8자와 물방울로 무늬를 그리고 펄과 아라잔을 붙인다.

리스

재료

기본 쿠키 → 시판 쿠키 커터
넌파레일스(레드, 옐로) → p. 32

아이싱

베이스(WH) / 묽음
리스의 선, 장식(BR, KG+BR 소량) / 중간
리본(RE+BL 소량) / 중간

1. 쿠키 표면 전체에 베이스를 채운다. 마르면 리본을 그릴 공간을 띄우고 3중으로 선을 그린다.
2. 선 위에 잎을 그리고 넌파레일스를 붙인다. 리본을 그리고 매듭 부분에 넌파레일스를 붙인다.

도넛

재료

기본 쿠키 → 시판 쿠키 커터
넌파레일스(원하는 색상) → p. 32

아이싱

아웃라인(RE+BR 소량) / 중간
베이스(RE+BR 소량) / 묽음

도넛에 끼얹어진 초콜릿 소스 형태로 아웃라인을 그리고 베이스를 채운다. 마르기 전에 넌파레일스를 붙인다.

오너먼트2

재료

기본 쿠키 → 시판 쿠키 커터

아이싱

아웃라인(RB+KG 소량) / 중간
베이스(RB+KG 소량) / 묽음
글자(RE+BR 소량, RB+KG 소량, KG+BR 소량) / 중간
무늬(LY+GY+BR 소량) / 중간

둥글게 아웃라인을 그리고 베이스를 채운다. 마르면 글자를 쓰고 아웃라인을 따라 물방울선을 그린다.

오너먼트3

재료

기본 쿠키 → 시판 쿠키 커터
아라잔(실버) → p. 32
펄 → p. 32

아이싱

아웃라인(RB+KG 소량) / 중간
베이스(RB+KG 소량) / 묽음
무늬, 부속품 접착(WH) / 중간

1. 쿠키 형태를 따라 아웃라인을 그리고 베이스를 채운다. 제일 위에 물방울로 꽃을 그리고 아라잔을 붙인다. 사진과 같이 곡선과 무늬를 그린다.
2. 1의 선을 따라 물방울로 무늬를 그린다.
3. 중심에서 아래로 물방울을 3개씩 그린다. 중심에 큰 점을 짜고 펄을 붙인다.

반지

재료
기본 쿠키 → 시판 쿠키 커터
설탕
아이싱
다이아몬드 아웃라인(RB+KG 소량) /
중간
다이아몬드 베이스(RB+KG 소량) /
묽음
반지 아웃라인(WH) / 중간
반지 베이스(WH) / 묽음

다이아몬드와 반지 형태로 아웃라인을 그리고 베이스를 채운다. 마르기 전에 설탕을 뿌린다. 마르면 여분의 설탕을 붓으로 털어낸다.

순록

재료
기본 쿠키 → 시판 쿠키 커터
넌파레일스(레드) → p. 32
아이싱
아웃라인(BR) / 중간
베이스, 꼬리(BR) / 묽음
귀(BR 많이) / 묽음
목 무늬(RB+KG 소량) / 중간
눈(VI) / 중간

순록 형태로 아웃라인을 그리고 베이스를 채운다. 마르면 귀, 눈, 꼬리와 목의 무늬를 그리고 코에 넌파레일스를 붙인다.

집

재료
기본 쿠키 → 시판 쿠키 커터
아라잔(실버) → p. 32
아이싱
아웃라인(BR 소량) / 중간
베이스(BR 소량) / 묽음
무늬, 부속품 접착(WH) / 중간
리스(OR+RE+BR 소량, KG+BR 소량) /
중간

집 형태로 아웃라인을 그리고 베이스를 채운다. 마르면 집 무늬와 리스를 그리고 아라잔을 붙인다.

양말

재료
기본 쿠키 → 시판 쿠키 커터
펄 → p. 32
아이싱
아웃라인(KG+BR 소량) / 중간
베이스(KG+BR 소량) / 묽음
무늬, 부속품 접착(WH) / 중간
설탕 반죽
눈 결정(WH)

양말 형태로 아웃라인을 그리고 베이스를 채운다. 마르면 무늬를 그리고 결정 형태로 찍어 낸 설탕 반죽을 붙인다.

별

재료
기본 쿠키 → 시판 쿠키 커터
아이싱
아웃라인(LY+GY+BR 소량) / 중간
베이스(LY+GY+BR 소량) / 묽음
숫자(BL 소량) / 중간

별 형태로 아웃라인을 그리고 베이스를 채운다. 마르면 숫자를 쓴다.

지팡이

재료
기본 쿠키 → 시판 쿠키 커터
넌파레일스(블루) → p. 32
아이싱
아웃라인(WH) / 중간
베이스(WH, OR) / 묽음
리본(OR+RE+BR 소량) / 중간

지팡이 모양으로 아웃라인을 그리고 두 가지 색상의 베이스를 교차시켜 채운다. 마르면 리본을 그리고 넌파레일스를 붙인다.

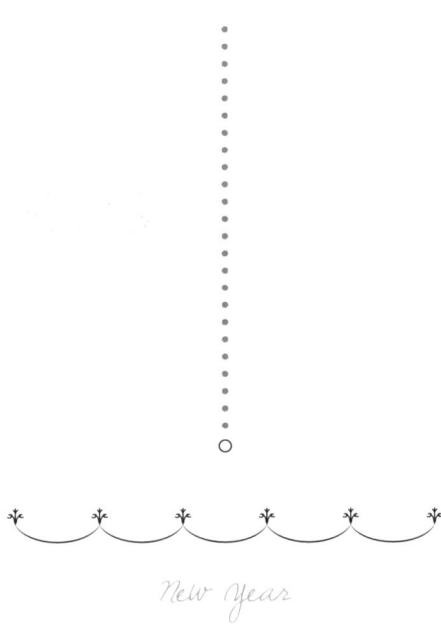

New Year

새해

화려한 외출복 무늬와 더할 나위 없이 훌륭한 금줄 장식
(일본에서는 새해를 맞는 표시로 금줄을 쳐서 장식함),
홍백무늬의 학을 곁들인 장식끈으로
새해를 맞이하는 분위기를 한껏 살렸습니다.
하트 쿠키는 식용색소로 그림을 그리고 아이싱으로 장식했습니다.

하트 장식

재료

기본 쿠키 → 시판 쿠키 커터

넌파레일스(옐로) → p. 32

아이싱

아웃라인(WH) / 중간

베이스(WH) / 묽음

띠 밖 무늬(WH, VI, GY+LY+BR 소량) / 중간

띠 꽃무늬(GY+LY+BR 소량, RE, VI 소량) / 중간

돌려 매는 끈(VI) / 중간

고정끈, 부속품 접착(SB+BR 소량) / 중간

그림 그리기

띠 밖 무늬(VI, RO, SB, GY)

설탕 반죽

띠(BL)

띠고리(RE) ※ 고정끈 위의 꽃

1. 하트 가운데 윗부분에 옷깃처럼 아웃라인(A)을 그리고 베이스를 채운다. 마르면 사진과 같이 전체 아웃라인을 그리고 베이스를 채워 말린다.

2. 물에 적신 붓에 식용색소를 소량 묻혀 무늬를 그린다. 마르면 색을 들인 설탕 반죽(두께 1.5mm)을 띠 모양으로 잘라내 알코올로 붙인다. 어울리는 선을 그린다.

3. 띠 밖에 지그재그 곡선을 그리고 붓으로 안쪽을 향하도록 끌어당긴다. 다른 색상으로 끌어당긴 선의 안쪽에 지그재그 곡선을 그리고 마찬가지로 끌어당긴다.

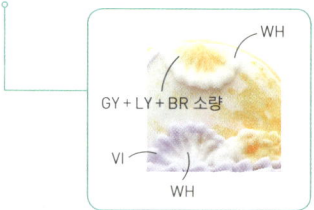

4. 띠에 국화무늬와 좌우로 벌어진 붉은색 물방울을 그리고 넌파레일스를 붙인다.

5. 물방울 5개와 보라색 꽃을 그린다. 마르면 V자로 자른 짤주머니로 고정끈(물방울선)과 돌려 매는 끈을 그린다.

6. 색을 들인 설탕 반죽으로 p. 25 공정 1~5와 동일하게 꽃을 만들고 고정끈 위에 붙인 후 꽃 중앙에 넌파레일스를 붙인다.

금줄 장식

재료

기본 쿠키 → 시판 쿠키 커터

넌파레일스(옐로) → p. 32

아이싱

새끼줄(KG 소량+BR 소량) / 묽음

장식(BR 소량) / 중간

잎(KG+BR 소량) / 중간

남천 열매(RE) / 중간

설탕 반죽

꽃(WH, RE)

1. 짤주머니를 크게 잘라 굵은 선으로 띄엄띄엄 새끼줄 모양으로 한 바퀴 짠다. 첫 번째와 겹쳐지도록 한 바퀴 더 짠다.

2. 마르면 위에서부터 물방울무늬를 그린 후 짧은 선으로 잎을 그린다.

3. '하트 장식' 공정 6과 동일하게 홍백의 꽃을 만들어 붙인다. 점으로 잎 위에 남천을 짠다.

장식끈

재료

기본 쿠키 → 시판 쿠키 커터

아이싱

아웃라인(WH) / 중간

베이스(WH) / 묽음

장식끈(WH, RE) / 중간

설탕 반죽

학(WH+RE)

1. 둥글게 아웃라인을 그리고 베이스를 채운다. 마르면 얼룩지게 물들인 설탕 반죽을 1.5㎜ 두께로 밀어 펴고 학 모양의 틀로 3장을 찍어 내 알코올로 붙인다.

2. 장식끈을 그린다. 한 번 그린 선을 한 번 더 따라서 2중으로 그린다.

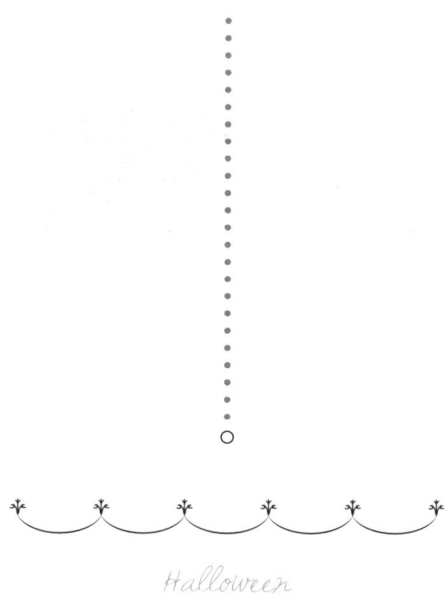

할로윈

진저브레드 맨 유령을 자세히 보면
가슴이 뻥 뚫려 있지 않나요?
이소말트를 사용한 테크닉으로
할로윈 파티의 분위기를 무르익게 할 쿠키입니다.

진저
브레드맨
유령

재료

코코아 쿠키 → 틀 p. 141

※먼저 중앙을 하트 커터로 뚫어둔다

스프링클(두개골, 뼈다귀) → p. 32

이소말트

아이싱

아웃라인(GY+LY+BR 소량) / 중간

베이스(GY+LY+BR 소량) / 묽음

눈, 입, 스티치무늬(RE+BL 소량, VI,

BL 소량, KG+BR 소량, GY+LY+BR 소량) /

중간

부속품 접착(GY+LY+BR 소량) / 중간

설탕 반죽

하트(RE+BL 소량)

단추(LG)

리본(BL)

1. 1.5mm 두께의 색을 들인 설탕 반죽을 작은 하트틀로 찍어 낸다.

2. 이소말트를 전자레인지로 가열해 녹인 후 오븐시트 위에 쿠키를 올리고 굽기 전에 미리 뚫어둔 가슴 구멍에 흘려 넣는다.

3. 굳기 전에 재빨리 이쑤시개로 이소말트의 기포를 터뜨린다.

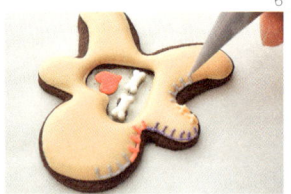

4. 굽기 전에 뼈다귀, 1의 하트를 올린 후 가볍게 눌러 붙인다. 이소말트가 완전히 굳을 때까지 기다린다.

5. 진저브레드 맨과 하트의 아웃라인을 그리고 베이스를 채운다.

6. 마르면 스티치무늬를 그리고 십자 모양과 짧은 선을 섞어 원하는 색상으로 한 바퀴 짜준다.

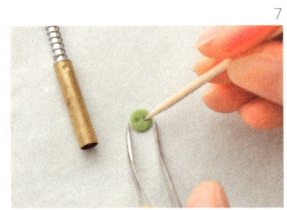

7. 색을 들인 설탕 반죽(LG)을 작은 원형 커터로 찍어 마르기 전에 이쑤시개로 두 군데 구멍을 낸다.

8. p. 133의 '호박' 공정 2와 동일하게 리본을 만든다. 7과 리본을 쿠키에 붙이고 눈, 입을 그린다.

9. 가슴 주변에도 스티치무늬를 한 바퀴 짠다.

호박

재료

코코아 쿠키 → 형지 p. 143

아라잔(실버) → p. 32

두개골 스프링클 → p. 32

아이싱

아웃라인(RE+BL 소량) / 중간

베이스(RE+BL 소량) / 묽음

부속품 접착(RE+BL 소량) / 중간

설탕 반죽

리본(BL)

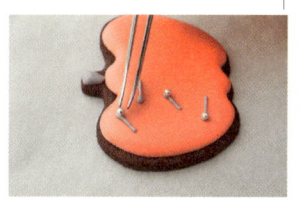

1. 호박 형태로 아웃라인을 그리고 베이스를 채운다. 마르면 윗부분에 꼭지를 그린다. 호박에 시침핀을 그리고 끝에 아라잔을 붙인다.

2. 색을 들인 설탕 반죽으로 p. 24의 공정 1~6과 동일하게 리본을 만들고 두개골 스프링클을 중앙에 붙인다.

3. 2의 쿠키에 붙인다.

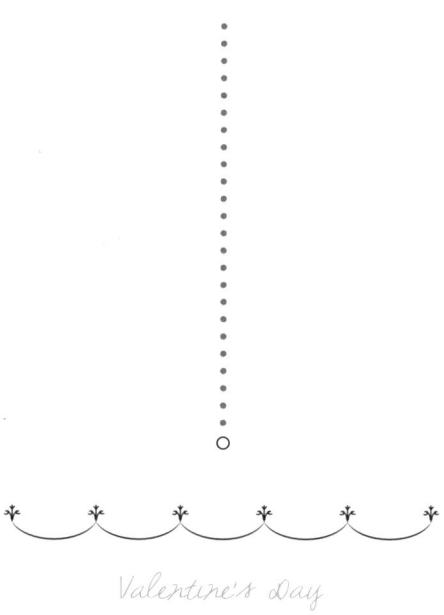

밸런타인데이

소중한 사람에게 마음을 전하는 날. 어떤 놀랄 만한 선물이 있을까요?
선물상자 안에는 아이싱 초콜릿이 들어 있어요.
러브레터를 맛보면 놀랄지도 몰라요.
사랑 듬뿍 담긴 하트와 메시지가 흘러넘치네요.

러브레터

재료

기본 쿠키 → 시판 쿠키 커터

※ 미리 한 사이즈 작은 커터로 찍어
서 만든 구멍 뚫린 쿠키(A) 1개와 구멍
이 안 뚫린 쿠키(B) 2개를 준비한다.

웨이퍼 페이퍼(식용종이)

아이싱

메시지(BL 소량) / 중간

입술자국(RE+BR 소량) / 중간

아웃라인(WH) / 중간

베이스(WH) / 중간

각인 베이스(RE+BR 소량) / 묽음

각인 글자(RE+BR 소량) / 중간

부속품 접착(WH) / 중간

설탕 반죽

하트(RE+BR 소량, RE 소량, RE 소량+
BR 소량, WH)

1. 웨이퍼 페이퍼를 작은 하트 모양으로 잘라 메시지를 쓴다. 곡선
   을 마주 보게 2개 그리고 붓으로 안쪽으로 끌어당겨 입술자국
   모양으로 만든다.

2. 세 가지 색상으로 색을 들인 설탕 반죽을 1.5㎜ 두께로 밀어 펴
   고 하트 커터로 10개 정도 찍어 낸다.

3. 미리 만들어둔 3개의 쿠키 중, A와 B 1장을 사진과 같이 붙인다.

4. B의 남은 1장에 봉투 아웃라인을 그리고 베이스를 ① → ②의 순
   으로 채운다. 마르면 중앙에 각인 베이스를 동그랗게 채운다.

5. 마르면 위에 글자를 쓰고 베이스 아이싱으로 각인 주위를 한 바
   퀴 둘러 짠다.

6. 마르면 1과 2를 3의 쿠키 안에 넣고 뚜껑을 덮는다.

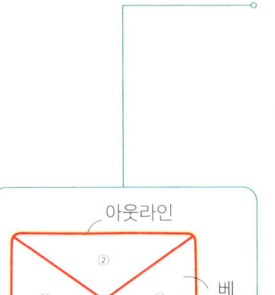

아웃라인

베이스

초콜릿
선물상자

재료

기본 쿠키 → 시판 쿠키 커터

※ 미리 한 사이즈 작은 커터로 찍어
서 만든 구멍 뚫린 쿠키(Ⓐ) 1개와 구멍
이 안 뚫린 쿠키(Ⓑ) 2개를 준비한다.

웨이퍼 페이퍼(식용종이)

크리스털 설탕(골드) → p. 32

펄 → p. 32

아이싱

아웃라인(RE+BR 소량) / 중간

베이스(RE+BR 소량) / 묽음

안쪽 사각 선, 초콜릿 장식(RE+
BR 소량, WH) / 중간

초콜릿(BR, BR 소량) / 중간

부속품 접착(WH) / 중간

설탕 반죽

장미(RE+BR 소량)

꽃(WH)

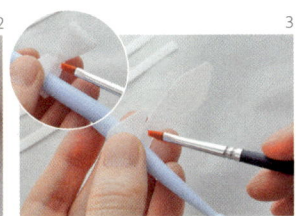

1. 준비해둔 3장의 쿠키 중 2장을 '러브레터'의 공정 3과 동일하게
붙인다. 웨이퍼 페이퍼를 Ⓐ의 구멍 사이즈로 자르고 아이싱으
로 붙인다.

2. 마르면 1에 사각선을 그리고 선 가운데 초콜릿을 점과 사각으로
그린다. 그 위에 지그재그선과 사각선 등을 짜주고 크리스털 설
탕을 올린다.

3. 웨이퍼 페이퍼를 가늘고 길쭉한 모양 2개와 리본 모양으로 자
른다. 끝을 세공 스틱으로 말아서 입체적인 리본 형태로 만들고
중심에 붓으로 물을 발라 붙인다.

●과 ●, ○과 ○가 맞닿도록 붙인다

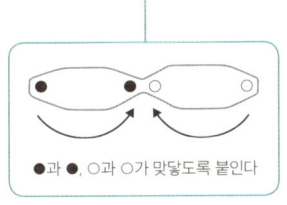

4. Ⓑ의 남은 1장에 사각으로 아웃라인을 그리고 베이스를 채운다.
마르면 3의 가늘고 길쭉한 2개의 여분을 붙이고 자른다.

5. 색을 들인 설탕 반죽을 틀(p. 141)에 채워 넣고 장미를 만든다.
p. 25의 공정 1~5와 동일하게 꽃(소, 중)을 만든다.

6. 4에 3의 리본과 5의 꽃을 붙인다. 꽃 중앙에 펄을 붙인다.

알파벳 쿠키로 즐거운 단어 찾기 게임을 해봐요

25자의 알파벳 쿠키 배열에서
세로, 가로, 사선에 숨겨져 있는 7개의 단어를 찾아보세요!

Pick Up! 테크닉

알파벳 쿠키 만들기에서 눈여겨볼 테크닉 일부를 소개합니다.

> 모래사장에 쓴 글자 이미지를 떠올리며

베이스를 채운 쿠키에 황설탕을 뿌리고 마르기 전에 하트 커터로 자국을 남긴다.

> 가리비는 틀의 일부만을 사용해서

설탕 반죽을 조개 모양틀(→ p. 141)에 넣고 빼서 쿠키에 붙인다.

> 삭둑삭둑… 가위가 있는 게!

1. 마른 베이스 위에 얇은 지그재그선을 그리고 붓으로 끌어당겨 파도무늬를 그린다. 펄을 붙인다.

2. 위의 공간에 타원 아웃라인을 그리고 베이스를 채운다.

3. 팔다리를 그리고 눈을 넌파레일스, 손을 미니 하트(→ p. 32)로 붙인다.

1.5mm로 민 작고 둥근 설탕 반죽(GY)을 마가렛 커터로 찍어낸다. 쿠키에 붙이고 잎무늬를 그린다.

> 붕~붕~ 날아다니는 벌 완성!

점선과 벌의 머리, 몸통을 그리고 마르면 벌의 줄무늬와 눈을 그린 후 넌파레일스(→ p. 32)를 붙인다.

날개를 그리고 미니 하트(→ p. 32)를 올려 붙인다.

나무 벽면을 이미지로 떠올리며 베이스는 일부러 거칠거칠하게!

모스쿠키를 듬뿍 펼친 후 베이스를 채운 쿠키 면을 가볍게 누른다.

뒤집어서 숟가락으로 모스쿠키를 더 얹는다.

스패츌러 등으로 베이스를 거칠하게 바르고 스패츌러를 세로로 세워서 나뭇결 선을 살린다.

모스쿠키 만드는 법

1. 남은 쿠키를 푸드 프로세서에 넣고 간다.

2. 식용색소(KG+BR 소량)를 알코올에 녹여 1에 넣고 한 번 더 섞는다.

3. 2를 오븐시트를 깐 철판에 올리고 굽는다. 식으면 사용한다.

아웃라인과 가는 격자선을 그린다. 3색 베이스를 체크무늬가 되도록 채운다.

짤주머니를 두껍게 잘라 마른 베이스 위에 선을 그린다. 붓으로 뭉개듯이 눌러 울퉁불퉁한 질감으로 만든다. 틀에서 뺀 리본을 붙인다.

가는 그물코 모양을 균등하게 그린다. 하트 모양이 되게 칸을 채운다.

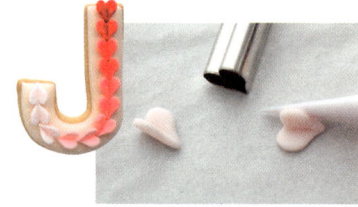

열두 색상의 그러데이션으로 색을 들인 설탕 반죽을 하트틀로 찍어 낸 후 세공 스틱으로 중심에 자르는 듯하게 선을 넣고 가볍게 접는다.

※ 진한 핑크 설탕 반죽을 조금씩 연하게 해 열두 색을 만들어둔다

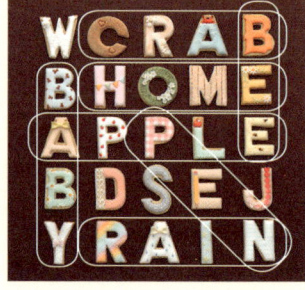

정답 맞히기

감춰진 단어
CRAB HOME BABY
PEN RAIN BEE APPLE

140

이 책에서 사용한 제과 재료 · 도구

이 책에서 사용하고 있는 토핑 등의 제과 재료나
쿠키 커터를 취급하고 있는 제과 재료 매장을 소개합니다.

cotta

p. 14 머랭 파우더
 Wilton 사 머랭 파우더

p. 14 설탕 파우더
 cotta 올리고당이 든 설탕 파우더

p. 16 설탕 반죽
 Wilton 사 롤 폰당 화이트

p. 49~51 케이크, 드레스, 파티 보드, 원형 /
p. 78 인디언 곰인형
 폰당 & 검페이스트 몰드(페더)

p. 71 드레스
 쿠키 커터 프롬 드레스&하이힐

p. 88 서커스 보드
 쿠키 커터 프레임 세트

p. 139 R
 폰당 & 검페이스트 몰드(서머)

cuoca

p. 32 미니 하트
 스프링클(하트) 미니

p. 61 꽃 / p. 109 꽃
 쿠키 커터 매실(대)

Hearty PADICO

p. 109 케이크
 알파벳 브로치틀

NUT2deco

p. 9 나만의 철제 쿠키 커터 만들기 세트
p. 25 꽃 커터 / p. 55 원피스 수영복 / p. 57
비치볼 / p. 60 레몬 / p. 65~67 에펠탑 /
p. 77~79 그루터기, 텐트, 캠핑카 / p. 86 코
끼리와 발판 / p. 108~109 드레스, 하트, 꽃
/ p. 113 펌퍼스(여아용) / p. 128 하트 장식
/ p. 137 초콜릿 선물상자 / p. 140 O
 Foxrun 커터(누르는 방식)
 중앙 5장 꽃 4pc 세트

p. 32 더스팅 펄파우더

p. 38 우산
 stadter 쿠키 커터 / 우산(스테인리스)

p. 39 수국 잎 / p. 60 레몬
 Stadter 미니 ★ 쿠키 커터 / 잎(스테인리스)

p. 45 유리 구두
 BIRKMANN 쿠키 커터 / 하이힐(스테인리스)

p. 51 원형 / p. 57 비치볼 / p. 60 원형
 Stadter 쿠키 커터 3pc 세트 / 원형(스테인
리스)

p. 71~73 케이크, 드레스, 레이스, 부채, 향
수, 병 / p. 136~137 러브레터, 초콜릿 선물
상자
 웨이퍼 페이퍼(직사각형)

p. 132 진저브레드 맨 유령
 BIRKMANN 쿠키 커터 / 진저맨 6㎝(스테인
리스)

토미자와상점

p. 26 알코올
 도버 화이트큐라소

p. 32 아라잔
 아라잔(실버) 작은 크기 0호

p. 32 펄
 미니 펄 비즈(화이트)

스위트 하트

p. 49~51 케이크, 테이블 조명, 드레스, 파티
보드, 원형 / p. 86 코끼리와 발판 / p. 80 서
커스 텐트
 오스트리아산 / 슈거 크래프트 / 실리콘 몰
드, 클래시컬 카메오

p. 137 초콜릿 선물상자
 오스트리아 산 / 슈거 크래프트 / 실리콘
몰드 장미 4종류

<상품 문의>

cotta
http://www.cotta.jp / 0120-987-221
cuoca
www.cuoca.com/ 0570-00-1417
Hearty PADICO 온라인매장
http://www.rakuten.ne.jp/gold/heartylove/
NUT2deco
www.nut2deco.com
토미자와상점
http://tomiz.com/
스위트 하트
http://www.sweetheart2.com/

※ 게재 페이지와 재료명, 작품명, 상품명
※ 상품에 따라서는 품절되는 경우가 있으므로 미리 확인해보는 것이 좋습니다
※ 여기 게재된 것 외의 제과 재료나 도구는 저자가 인터넷몰이나 매장, 해외 등에서 구입한 개인 물품입니다

오리지널 형지

p. 13의 '형지 만들기'를 참고해 원하는 크기로 복사해 사용합니다.

p. 38
편지

p. 43
마차

p. 45
드레스

p. 49
케이크

p. 50
테이블 조명

p. 50
드레스

p. 55
모래바구니

p. 55
원피스 수영복
p. 56
비키니

p. 56
비치샌들

p. 61
레몬케이크
p. 66
여행가방
p. 103
선물상자

p. 66
마카롱

p. 67
기구

p. 72
케이크

p. 72
레이스

p. 73
향수병

p. 78
인디언 곰인형

p. 79
캠핑카

p. 80
텐트

p. 85
서커스 텐트

p. 86
코끼리

p. 88
표

p. 91
부속품A
p. 92
부속품B

p. 92
부속품C
p. 93
부속품D

p. 94
부속품E

p. 103
풍선

p. 107
클러치백

p. 108
드레스

p. 109
케이크

p. 114
티아라
p. 116
왕관

p. 133
호박

C. bonbon의
탐나는 아이싱 쿠키

초판 1쇄 인쇄 2018년 1월 12일
초판 1쇄 발행 2018년 1월 19일

지은이 치아코 이쿠시마
옮긴이 김상애
펴낸이 이범상
펴낸곳 ㈜비전비엔피 · 이덴슬리벨

기획편집 이경원 심은정 유지현 김승희 조은아 김다혜 배윤주
디자인 김혜림 조은아
마케팅 한상철 금슬기
전자책 김성화 김희정 김재희
관리 이성호 이다정

주소 우) 04034 서울시 마포구 잔다리로7길 12 (서교동)
전화 02)338-2411 **팩스** 02)338-2413
홈페이지 www.visionbp.co.kr
이메일 visioncorea@naver.com
원고투고 editor@visionbp.co.kr

등록번호 제2009-000096호

ISBN 979-11-88053-18-6 (13590)

이 도서의 국립중앙도서관 출판시도서목록(CIP)은 서지정보유통지원시스템 홈페이지(http://seoji.nl.go.kr)와
국가자료공동목록시스템(http://www.nl.go.kr/kolisnet)에서 이용하실 수 있습니다.(CIP제어번호 : CIP2017031558)